河流水沙科学分析系统
Excel 解决方案

孙赞盈　曲少军　著

黄河水利出版社
·郑州·

内 容 提 要

本书主要介绍一个基于Excel解决方案的河流水沙科学分析系统，共分10章。内容包括：水文泥沙数据的特点；水文泥沙数据库管理程序应具备的特点；电子表格软件及其二次开发技术的发展史；Microsoft Office作为解决方案的平台；基于Excel平台的黄河水沙科学分析系统解决方案的对象模型和图形用户界面；大量的自定义水文泥沙专业的工作表函数；辅助的水沙科学分析工具；小浪底水库泥沙多年调节和黄河下游河道冲淤计算的水文学数学模型；数据库的设计和数据内容；部分源代码等。在附录中给出了作者提出的标称流量的物理意义，以及实体模型断面内插计算方法的详细介绍。

本书可供从事河流泥沙、河床演变、水资源、数学模型开发和水利信息研究，以及Office软件开发等方面的研究者、工作者和高等院校相关专业的师生参考使用。

图书在版编目(CIP)数据

河流水沙科学分析系统Excel解决方案/孙赞盈，曲少军著. —郑州：黄河水利出版社，2008.12

ISBN 978-7-80734-381-3

Ⅰ.河… Ⅱ.①孙…②曲… Ⅲ.电子表格系统，Excel-应用-河道-泥沙运动-系统分析 Ⅳ.TV142

中国版本图书馆CIP数据核字(2008)第202911号

策划编辑：岳德军　电话：0371-66022217　E-mail：dejunyue@163.com

出 版 社：黄河水利出版社

地址：河南省郑州市金水路11号　邮政编码：450003

发行单位：黄河水利出版社

发行部电话：0371-66026940、66020550、66028024、66022620(传真)

E-mail：hhslcbs@126.com

承印单位：黄河水利委员会印刷厂

开本：787 mm×1 092 mm　1/16

印张：7.75

字数：180千字　印数：1—1 000

版次：2008年12月第1版　印次：2008年12月第1次印刷

定价：20.00元

前　言

黄河流域是中华民族的摇篮，孕育了光辉灿烂的华夏文明，同时黄河又是一条曾给中华民族带来深重灾难的河流。从公元前602年至1938年的2 540年间，黄河下游决溢达1 590多次，因决口导致的大改道26次，即所谓"三年两决口，百年一改道"。在人类长期与自然的斗争中，特别是在防御黄河水害、兴修水利的过程中，黄河水文泥沙测验也逐步发展起来。黄河上建立水文站等观测站网比较早，长期以来取得了大量的水文泥沙测验资料，借助这些宝贵数据，广大水利专家深入开展了黄河水沙变化、河床演变及库区冲淤变化等规律的研究和探索，为黄河治理开发和管理事业的发展作出了重大贡献。

随着信息技术和现代遥感技术的迅速发展，流域水文测验技术发生了重大突破，借助现代化的测验方法和手段，可获得更准确、更实时、更丰富的数据和资料，这将会给治河专家探索与揭示黄河的自然规律提供极大的方便，甚至会大大缩短揭示黄河自然规律的过程，但总体上看，由于黄河实测水沙资料十分丰富，而黄河科研工作的分析手段还较为单一，现代化水平不高，这些资料中还蕴含着大量尚未发现的规律。随着黄河治理的深入，越来越多的定量问题需要快速及时的回答，信息处理技术、网络技术的迅速发展为解决这些问题提供了可能。本书的作者是治黄科研一线的科研工作者，深谙直观、简单和易用的软件对提高科研分析工作效率的必要性以及获得准确结果的重要性，认为使用新的和更加有效的研究手段为治黄的迫切需求，为解决这些问题，本书对黄河分析研究中使用频率最高的常规水文资料，建立河床演变数据库，紧扣黄河跟踪研究的资料分析，提出了利用Excel软件的二次开发技术的解决方案。本书所提出的研究方法和成果，对于水文资料分析研究具有重要作用。

在本书撰写的过程中，黄河水利科学研究院的姜乃迁副院长，科技处苏运启副处长，泥沙所李勇所长、张原锋副所长和余欣副所长给予了大力支持，齐璞和刘月兰等教授给予了指导，尚红霞、彭红和郑艳爽等参与了图片整理、资料收集等部分工作，金孝华撰写了第3章、第4章，王富昌撰写了本书的第8章及附录A，苏运启审阅了部分书稿，在此一并表示感谢。

水沙科学分析系统涉及到数据库的设计、对象的建模、用户界面的布局设计、数学模型的计算方法、帮助文档的撰写，以及之后的测试、优化和调整修改，是一个非常庞杂的系统工程，工作量之大、工作强度之高，靠一两个人完成实在是一件十分艰辛的事，加上资料所限和问题本身的复杂性，虽然我们尽了很大努力，但不足之处仍在所难免。各位读者如果有好的意见和建议，希望通过电子邮件(sunzanying@ hotmail. com)和我们联系，以便再版时加以完善。

作　者

2008 年 10 月

前言

目　录

第1章 水文泥沙数据的特点

水文泥沙数据的特点是它在逻辑上的二维性和三维性以及资料的公益性、规范性等，因此它与其他行业尤其是商业上的数据有很大的不同，有自己的特点。

1.1 逻辑上的二维性和三维性

从检索出发，我们所需要的资料大体上可以从时间、空间位置和资料数据类型三个方面来逐步缩小范围。例如，对于某一年（时间），我们要查找的是某一站（空间位置）的某一类数据（数据类型，如施测流量成果表、洪水水文要素摘录表、实测大断面成果表），这样逐步缩小范围常常就能找到我们所要的资料。

所以，从时间、空间位置和资料数据类型三个方面就很容易查找到数据，这种查找资料的办法符合我们查阅水文年鉴的习惯。

1.2 资料的公益性

水文泥沙数据针对公益性的流域治理以及防治江河洪水和泥沙灾害的需要，测验、计算和整理都是在国家事业费的支持下建设的，其公益性的特点决定了这些数据没有保密性可言。公益性的另一个特点是这些数据由专人收集、整理、管理、维护和发布。

1.3 资料的规范性

水文资料是按照国家水文资料的规范严格整编出来的，为了统一全国的水文资料，从水利部到各地方流域管理机构，不仅数据有严格的、标准一致的格式，而且测站代码的制定以及测站发生变动时和测站代码如何随之变动也有相应的技术规范。

1.4 时间上的延续性（积累性）

所谓时间上的连续性是指水文资料一旦整编完毕，编入《水文年鉴》，就极少再去修改它，并且随着时间的延续不断增加资料。水文资料的这种特点决定了我们将很少对资料进行很多数据库意义上的排序等编辑操作，而只需追加数据。

1.5 数据的成块利用

数据的成块利用是指我们常常对角录集进行操作，很少对单个记录进行操作。例如，对于实测大断面数据，我们只是将整个起点距和对应的高程数据同时利用，单独的一个数据和一个记录是没有意义的。

第2章　水文泥沙数据库管理程序应具备的特点

既然水文泥沙数据与其他行业的数据有很大的不同,因此我们认为管理水文泥沙数据库的管理程序也应该有自己的特点。

2.1　应该符合人们查阅《水文年鉴》的习惯

在查阅刊印的《水文年鉴》时,我们常常是按年份→哪一个水文站(水位站或大断面)→何种数据的顺序进行查阅的。黄河水文网的历史水文资料数据库的数据访问页就是这样组织的。

2.2　应该侧重于利用(而不是管理)

黄河历史水文资料数据库的建设是一项工作量很大的工作,黄河水利科学研究院泥沙所作为科研单位,不应该而且也没必要对历史资料进行重复建设,实际上也做不好。黄河水文网已经公开历史水文资料,对于其他单位,重要的是如何充分利用这些资料。另一方面,由于黄河问题的复杂性,追踪研究又特别重要,整编的水文资料滞后显然无法及时满足跟踪研究的需要,对于科研单位,就存在一个如何管理近期数据的问题,但如果像管理历史资料数据库那样将所有的数据保存为关系数据库,不但使用不便,还会加大工作量。

2.3　应该高度透明

与社会上其他行业的数据不同,水文资料的安全性仅限于使数据库不受破坏,因此不但没有保密性,而且应该尽可能易于使用,这就要求资料越透明越好,历史资料数据由于被制作为数据访问页而较容易使用,近期资料如果全部被保存为关系数据库的形式,会降低透明度,因为多数人并不熟悉读写关系数据库。

2.4　输入数据的方式不同

水文资料数据具有成块的特点,如果用 TextBox 控件输入数据,往往意味着低效率(更何况更多的数据实际上是从电子表格直接导入到数据库的),因此我们常常愿意在电子表格中输入数据。其实即使不用电子表格,TextBox 也不是唯一的靠窗体输入数据的途径。

2.5 保存为 Excel 和 Access 关系数据库两种格式

水文泥沙数据具有时间上的延续性(积累性)的特点,对于大多数数据,我们很少进行关系数据库管理中的“插入”操作,一般的维护工作是“追加”,因此选择合适的保存形式,高度透明的 Excel 文件完全可以满足大多数数据的要求。我们可以利用关系数据库容易保存一对多关系的优点,将小浪底水库实测大断面这样的数据,保存为关系数据库。

第 3 章　电子表格软件及其二次开发技术的发展史

3.1　电子表格的鼻祖 VisiCalc

说到电子表格,必须提到发明人美国人丹尼尔·布莱克林(Daniel Bricklin)。丹尼尔·布莱克林 1951 年出生于美国费城,1969 年考入了麻省理工学院的数学专业,但大一 还没上完,他就转到了计算机科学专业,大学毕业后,已是计算机技术专家的布莱克林顺利地进入了 DEC 公司。后来,布莱克林重返校园,进入哈佛大学攻读 MBA 课程。在哈佛大学学习的过程中,他发现当时的公司只能依靠纸、笔、计算器来完成财务数据的计算,这种计算方式又笨又慢;后来,虽然有了计算机,但要编写很多小程序来完成计算,虽然速度提高了,但只要有一个数据发生改变仍必须重新计算,计算过程很不直观。他想到应该编写一套具有实时数据处理功能的应用程序,于是就开发了名字叫 VisiCalc 的软件(见图 3-1),VisiCalc 的意思是看得见的计算,从此电子表格软件诞生了,虽然该软件只有 25 kB 大小,却是世界上第一个支持实时数据计算的电子表格程序。VisiCalc 首先获得了 Apple Ⅱ型电脑的认可。许多人甚至为了能用上 100 美元一套的 VisiCalc 而不惜花 2 000 多美元去买一台 Apple Ⅱ型电脑,能够使用上 VisiCalc 成为人们购买 Apple Ⅱ型电脑几乎唯一的原因。随后的几年,VisiCalc 程序不断完善,并相继获得了 TRS－80、Atair 800、惠普、IBM 等个人电脑的支持,其每月的销量达到了 3 万套。到 1986 年,Software Arts 一共销售了超过 700 万套 VisiCalc 软件。

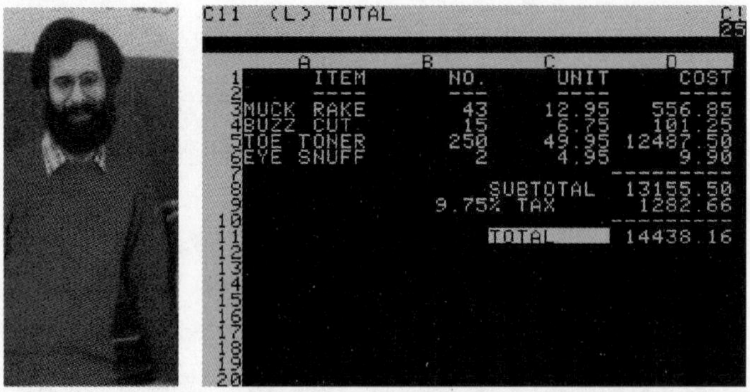

图 3-1　丹尼尔·布莱克林(左)和他的 VisiCalc 软件(右)

现在看来,电子表格之所以如此受人欢迎,主要有两大特点:其一是它将信息以一个二维表格的形式展示在人们面前,信息显示最为直观;其二是它利用了计算机能够根据数据变化自动重算公式的自动更新的特点。这是一个巨大的创新,其革命性的信息分析和处理方式，使它成为迄今为止最没有争议的计算机软件。前不久在《PC Magazine》评出的全球 10 大软件中，VisiCalc 名列榜首（见表 3-1）。

表 3-1 《PC Magazine》评出的全球 10 大软件

排名	软件	推出时间	软件特色
1	电子表格软件 VisiCalc	1979 年	这是世界上第一款电子表格软件，VisiCalc 最初是基于 Apple Ⅱ型个人电脑而开发的，苹果公司采用该软件后得到广大商业用户的青睐，不到一年工夫其变成个人电脑历史上第一个最畅销的应用软件。它不但改变了人们以往处理和分析数据的方式，更使人们更直接地认识到计算机软件的巨大魔力。VisiCalc 以及包括 Lotus1-2-3、Quattro、Microsoft Excel 在内的杰出产品将现代电子表格软件及微型计算机带到了办公室中。电子表格软件的革命性信息处理方式，使它成为迄今为止最没有争议的计算机软件
2	字处理软件 WordStar	1978～1979 年	WordStar、更早的 Electric Pencil 以及后来的 Microsoft Wordfor-Windows 也应当入围该名单。更早的字处理软件有 WordPerfect，但 WordStar 是第一种真正受欢迎的字处理软件，自 20 世纪 70 年代以来，垄断字处理市场长达十多年
3	Apache	1995 年	一个开放源代码软件
4	Mosaic		Mosaic 是一个浏览器软件
5	Macintosh	1984 年	Macintosh 这款由 Apple 公司开发的操作系统开启了现代操作系统图形用户界面的先河，它早于微软的 Windows 视窗操作系统
6	Photoshop	1990 年	美国 Adobe 公司生产的图形图像处理软件
7	dBASE Ⅱ	1980 年	一个大概是最古老的低端商业数据库的数据库软件。但在当时 dBASE Ⅱ是一款了不起的产品，因为它普及了关系数据库的概念
8	Aldus Pagemaker	1980 年	支持 WYSIWYG（所见即所得）的桌面排版印刷软件
9	Sendmail	约 1983 年	由 Sendmail 公司支持的一种电子邮件系统
10	Microsoft Basic	1976 年	微软公司开发的一款具有真正创新意义的软件。它是首批独立封装的编程语言之一。Microsoft Basic 开启了现代编程时代，并普及了封装软件的概念

3.2 成熟的 DOS 软件 Lotus 1-2-3 和 Quattro Pro

VisiCalc 这个当时最热门的计算机软件很快就因 Lotus 1-2-3 的出现而遭淘汰。

莲花发展有限公司（Lotus Development Corp.）成立于 1982 年，总部位于美国麻省波士顿，是全球领先的 Intranet 平台与通信软件供应商，它于 1983 年推出电子表格软件 Lotus 1-2-3。Lotus 1-2-3 的功能比 VisiCalc 要强大得多。和 VisiCalc 相比，Lotus 1-2-3 还增加了多种功能，同时还将表格计算、绘图、数据库分析等功能集于一身，获得了巨大的成功，在 IBM 及其兼容机系统上得到了非常广泛的应用，风行一时。

电子表格软件是如此的受欢迎，吸引了其他软件厂商参与角逐，如美国的宝兰公司（Borland International Inc.）和微软公司。

Borland 公司本来是软件开发工具生产商，它的 Turbo Pascal、Turbo C、Borland C/C ++3.1、C ++ Builder 以及 Delphi 开发工具是非常著名的软件。Borland 公司曾经主宰着当时的软件开发工具市场，Borland 公司推出的电子表格软件 Quattro Pro 就是用自己所开发的软件工具 Borland C ++ 开发的。Quattro Pro 也是一个著名的电子表格软件，当时，由 Borland C/C ++ 编译器所开发的 Quattro Pro 在执行效率上几乎是最好的，Quattro Pro 曾经好于当时的 Lotus 1-2-3，但在功能上却不如当时微软的 Excel 强大，再后来，Quattro Pro 只能卖给 Novell 公司了。

3.3 后来居上的 Excel

关于微软的电子表格软件 Excel。据说在 Lotus 1-2-3 的鼎盛时期，Microsoft 一直在觊觎这个市场。1985 年，微软推出了其电子表格软件——Excel，向当时的竞争对手该领域的霸主 Lotus 发起了挑战，起初影响不大，但微软花了大量精力不断改进 Excel，不断为 Excel 增加新功能，使其最终超越了 Lotus 1-2-3。1993 年，微软正式推出了 Excel 5.0，该产品确立了微软在电子表格软件领域的重要地位，使其在与 Lotus 的竞争中的优势进一步加强，从此 Lotus 的市场份额越来越小。

关于 Excel 是如何胜出 Lotus 1-2-3 的，有这样一个小插曲：微软意识到 Office 软件是有巨大市场的，但苦于无法开发出一个能够和 Lotus 1-2-3 相竞争的产品。有一次 Lotus 举办了一个 Lotus 1-2-3 的技术研讨会，由当时 Lotus 1-2-3 的首席工程师主讲。Microsoft 知道了这个技术研讨会之后，立刻派出了最好的程序设计师，现场询问 Lotus 是如何开发 Lotus 1-2-3 的，并且趁机询问这位首席工程师如何克服 Lotus 1-2-3 在许多技术方面的难点，而这些困难之处正是 Microsoft 的工程师无法克服的。当时，在现场中的 Lotus 首席工程师虽然知道这些人是 Microsoft 派来的，而且询问的问题正是 Lotus 1-2-3 许多关键的技术点。但是这位首席工程师凭借着多年的开发经验，认为 Microsoft 不可能在短期之内追上 Lotus 1-2-3，因此就没有多作保留地回答了许多重要的问题。没有想到 Microsoft 的这些程序员也是非常优秀的人才，一经指点之后，立刻畅然全通，在短短的 1、2 个版本之后不但马上追上了 Lotus 1-2-3，许多功能方面更是青出于蓝而胜于蓝，Lotus 1-2-3 便逐渐失去优势了。我想这位 Lotus 1-2-3 的首席工程师一定很后悔当时回答了关键的技术问题吧。❶

微软在 Excel 5.0 中允许用户在一个文件内创建含多张工作表的工作簿；在对用户习惯悉心研究后，工具栏和菜单栏焕然一新；充分改善了帮助系统；并首次将广受大众欢迎的 Basic 可视开发 IDE 集成到 Excel 中，首次应用 Visual Basic for Application（VBA）；扩展了工作表函数。自此，微软的 Excel 成为公认的世界上功能最强大的电子表格软件。1994 年 6 月，微软推出了 Excel 5.0 简体中文版。

此后，微软不断改进 Excel，相继推出了 Office 95、Office 97。在 Office 2000 及其后续版本中，增加很多更加强大的功能，例如：

• 考虑到 Internet/Intranet 的发展，允许用户直接打开和保存 HTML（超文本标记语言）文件、XML（可扩展文本标记语言）文件，把各类文件在 Web 服务器或 ftp 服务器上保存或编辑，就如同在本地计算机上保存和编辑一样简单。允许用户将 Excel 的默认文件

---

❶ 李维，《Borland 传奇》（第二版）。

格式设置为 HTML 格式或 XML 格式,可以像编辑.xls 文件一样编辑此类文档。

• 吸收了统计分析软件 SPSS 的可视数据分析功能——数据透视表,增加了数据透视图的功能,允许用户仅仅通过拖放行字段、列字段或页字段和/或建立相应的数据透视图,对位于电子表格或数据库中的大量信息进行可视分析。

• 增加查询表,可以建立和编辑一个来自数据库、文本文件或其他 URL(统一资源定位符)的其他数据格式的查询表,并可设定这种数据表进行自动、按一定频率或手动刷新,从而使一些重复的数据导入工作变得简单而快捷。

• 提供可用于 Web 和开发的三大 Web 组件。①电子表格组件(Spreadsheet)使向 Web 浏览器传递交互式工作簿成为可能。用户可以利用 Excel 公式计算数据,在计算中还可以引用 Web 页的其他元素。工作簿组件中的数据在浏览器上是可编辑的,并包括数据分析特性,如排序和筛选。该组件还包括表示数据的特性,如字体和单元格格式、可调整的列和行。电子表格组件拥有 262 144 行、18 278 列,分别是 Excel 工作表的 4 倍和 71 倍。②数据透视表组件(PivotTable)提供查看和分析数据库信息的动态方法。它可以使用户浏览报表数据、对其进行动态排序和筛选、将其按行或按列分组、创建总计和聚焦总计后的细节。它还可以使用户更高效地处理大量数据。数据透视表组件可以显示工作簿、数据库(例如 Access 服务器或 SQL 服务器)或联机分析处理(OLAP)服务器的数据。③图表组件(Chart)提供用来连接到数组常数、电子表格组件和数据库(例如 Access 服务器或 SQL 服务器)的图表显示,提供图表类型 12 个大类、每个大类又分多个子类共 57 个图表类型,图表类型包括柱状图、条形图、折线图、平滑线图、饼图、$X \sim Y$ 散点图、气泡图、面积图、圆形图、雷达图、股价图和极坐标图等,种类繁多,可基本满足各行业的数据分析之用。另外,这些组件还提供事件编程,使其应用更加灵活。这些组件的对象模型和 Office中的对象模型在很多方面非常相似,熟悉 Office 对象模型者很容易使用上述组件进行开发。

3.4　二次开发的程序设计语言

借助计算机进行数据统计和计算等科学分析是自然科学研究者的研究手段。商业软件虽然功能强大,但它是从很多专业的通用性的角度出发来设计的,不一定能够完全满足本专业的要求,很多情况下需要进行编程(包括软件的二次开发),使其能够从大量的数据中发现有用的数据和剔除错误的数据,从而大大减轻单调复杂的工作和提高工作效率,提高数据分析结果的正确性和可靠性。

数学模型计算也是现代自然科学工作必不可少的研究途径之一。随着计算机硬件技术突飞猛进的发展,数学模型也得到了前所未有的发展,而且使用得越来越普遍,成为计算和比较不同方案优劣的廉价而快捷的手段。

现在,对于非计算机专业的科研人员来说,开发界面友好的软件化的程序不仅是大势所趋,而且也成为可能,但选择一种好的程序语言显得十分重要,特别是在一开始就注意到这个问题,将会大大节省工作量。可以编制数学模型的程序语言很多,但并不是都适合非计算机专业的人员使用。计算机程序设计语言五花八门,但随着计算机软硬件日新月异的发展，常用的计算机程序设计语言也在不断的发展完善，各种常用的程序设计语言在功能和性能上差别越来越不明显，但在易用性上却有明显差别。

FORTRAN 语言曾经是最受科研人员欢迎的程序设计语言，和当时的 Basic 语言相比它的优势在于：①容易学习；②结构化；③使用的人多，使用的时间长。有很多特别适合数据运算功能的特点，还拥有大量的通用子程序。

然而，FORTRAN 语言也有很多难以克服的缺点，例如 FORTRAN 语言的最初设计过于追求简单易用，在容易维护方面埋下了很大的隐患。例如，FORTRAN 语言提供的 COMMON 语句，它把数据暴露给很多可能根本不需要的函数，用户很难区分本地变量和传递过来的变量，COMMON 语句在为程序员提供易用性的同时，也带来了难以维护的缺陷。FORTRAN 语言编译器的革新者显然意识到这一问题的严重性，在后续版本中，向用户建议，尽量不要使用 COMMON 语句，同时受面向对象的思路影响，在后来的 FORTRAN 语言编译器中，增加了 Module 的功能，但显而易见，它充其量向面向对象只迈出了半步，FORTRAN 语言仍然不是面向对象的，这使它和其他面向对象的语言相比，不但可维护性差，而且调用一些图形功能麻烦，不符合人的思维习惯，不好用。FORTRAN 语言在科学计算方面立下了汗马功劳，然而时过境迁，由于 FORTRAN 在面向对象方面存在的问题，它无法和诸如 C ++ 语言和 Delphi 语言等面向对象的程序设计语言相比，已经很难适应大型的科学分析和数学模型程序设计；很多科学计算领域还在使用 FORTRAN 语言的一个主要原因是遗留的 FORTRAN 程序修改为面向对象的程序的工作量太大，另一部分原因是图形界面的必要性不大，或者可在计算完成后用某些软件对计算结果图表显示。

C ++ 语言和 Java 语言在形式上相似，具有语言简洁的特点，非常受专业的计算机编程者喜爱。C ++ 语言适合平台类软件的开发，而 Java 语言适合跨平台类软件的开发。C ++ 语言和 Java 语言的思想是非常好的，但它们也存在很多缺点：

(1)形式和概念很不友好。

代码 4-1 是一个在 Borland C ++ 3.1 语言编译器下通过的 C ++ 语言的源代码的头文件(＊.h 文件)，其中含有一个描述河流的横断面的类 CrossSection 和一个以 CrossSection 对象为成员的、用来描述构成一条河流的横断面的集合(包括相应的断面间距)的对象 River。CrossSection 对象有一个 CrossSection 方法，River 对象有一个 River 方法，分别是这两个对象的构造函数，相应地，CrossSection 对象有一个 ~CrossSection 方法，River 对象有一个 ~River 方法，分别是这两个对象的析构函数。说 C ++ 语言形式很不友好表现在它用一个和类的名字一样的方法作为起初始化功能的构造函数(就如上面的 CrossSection 方法和 River 方法)，用一个类的名字前面加波浪号的方法作为析构函数的名字，这本身就让初学者不易理解；再加上给这两个函数起一个构造函数和析构函数这样令人费解的名字，即使对于计算机专业的初学者也不容易很快领会其真正的含义。

(2)它的源代码用太过简洁的符号表示，不容易阅读。

例如，它用“{”和“}”来划分程序块，“{”和“}”确实使代码书写更简洁和更灵活，但它模糊了各种程序块的差别。程序员必须联系上下文来判断程序块是那一种，但阅读起来就很辛苦，特别是有多个程序块嵌套的时候。又如用惊叹号“!”代表逻辑否定，也不太利于阅读。

代码 4-1

```
//#define DEBUG_DELETE //display promp "delete..." when delete
#include "math.h" //for adjusted_section_area()
//No.1 a class
class CrossSection //describtion of ONE cross section
{       int nxy;
        int no;
        double dL;
        double L;
        double *px;
        double *py;
    public:
        double dist();
        double area(double z);
        double Zmin();
        void setnxy(int n)
        {   nxy = n;
            if(!(px = new double[nxy]))
            {   cerr << "new err in class CrossSection,px = new double [" << nxy << "]\n";
                system("mem");
                exit(1);
            }
            if(!(py = new double[nxy]))
            {   cerr << "new err in class CrossSection,py = new double [" << nxy << "]\n";
                system("mem");
                exit(1);
            }
            return;
        }
        ~CrossSection(void)
        {
            #ifdef DEBUG_DELETE
            cout << "\ndelete []px;delete []py; nxy = " << nxy << "\n";
            #endif
            delete [nxy]px;
            delete [nxy]py;
        }
```

```
    friend istream & operator >> (istream & stream,CrossSection &o);
    friend ostream & operator << (ostream & stream,CrossSection o);
};
istream & operator >> (istream & stream,CrossSection &o)
    {
        double *px = o.px, *py = o.py;

        stream >> o.no;
        stream >> o.dL;
        stream >> o.L;
        o.L* =1000.0;

        for(int i =0;i < o.nxy;i ++ ,px ++ ,py ++ )
        {
            stream >> *px >> *py; //read (x,y) one by one
//          cout << "*px =" << *px << "*py =" << *py << endl;
        }
        return stream;
}

ostream & operator << (ostream & stream,CrossSection o)
    {
        double *px = o.px, *py = o.py;
cout << "\"CrossSection:nxy = \"";
        stream << o.nxy << " ";
        stream << o.no << " ";
        stream << o.dL << " ";
        stream << o.L << endl;

        for(int i =0;i < o.nxy;i ++ ,px ++ ,py ++ )
        {
            stream << *px << " " << *py << < endl;
        }
        return stream;
    }
double CrossSection::dist( void )
    {
            return L;
```

```
    }

double CrossSection::area(double z)
    {
//          return adjusted_section_area(px,py,nxy,z,0);
            return section_area(px,py,nxy,z);
    }
double CrossSection::Zmin( void )
    {
           double zmin = 8848.0, * p = py;
           for(int i =0;i < nxy;i ++ )
           {    if( * p < zmin)
                         zmin = * p;
                p ++ ;
           }
            return zmin;
    }

//No.2 Note: the function isn't class's member
double VolumeBetween(CrossSection  * p1,double z1,CrossSection  * p2,double z2)
{
      double a1 = p1-> area(z1),a2 = p2-> area(z2);
      double v;
      v = (a1 + sqrt(a1 * a2) + a2)/3.0 * fabs(p2 -> dist() - p1 -> dist());
//    v = (a1 + a2)/2.0 * fabs(p2-> dist() - p1 -> dist());
       return v;
}

//No.2 Note: the function isn't class's member
//seek the meeting point of two line
//line1 (x1,y1),(x2,y2)
//line2 (x3,y3),k
//return the x of the meeting point
double XmeetPoint(double x1,double y1,double x2,double y2,\
      double x3, double y3,double k)
{
      return (y1 - y3 + k * x3 - (y2 - y1)/(x2 - x1) * x1) / (k - (y2 - y1)/(x2 - x1));
}
```

```
//No.3 a class
class River    //describetion of ONE river (branch),
        //use class CrossSection as a member of its
{       int ncs; //Numbers of cross sections,setncs()
        double Ldam; //distance this CS is away from the Dam
        CrossSection * pCS; //CS pointer (for ncs cross sections)
    public:
        void setncs(int n); //set the value of 'ncs'
        double distDam();
        double volume(double z);

    River(){}
    River(int n) //n - numbers of a river
    {   setncs(n);
    }
    ~River();
    friend istream & operator >> (istream & stream,River &o);
    friend ostream & operator << (ostream & stream,River o);
};
istream & operator >> (istream & stream,River &o)
{   CrossSection * p = o.pCS;
    int nxy;
    stream >> o.Ldam;
    for(int i =0;i < o.ncs;i ++ ,p ++ ) //read Cross section one by one
    {   stream >> nxy;              //read nxy of current CS
        p - > setnxy(nxy);              //(nxy is inputed)
        stream >> * p;          //read other data of current CS
    }
    return stream;
}
ostream & operator << (ostream & stream,River o)
{   CrossSection * p = o.pCS;
    stream << "\"RIVER:ncs = \"" << o.ncs << "\n"; //o.ncs -- numbers of a river
    stream << o.Ldam << endl;
    for(int i =0;i < o.ncs;i ++ ,p ++ )
    {   stream << * p;                  //output Cross section one by one
    }
```

```
    return *stream;
}

void River::setncs(int n)
{
    ncs = n;
    if( ! (pCS = new CrossSection[ncs]) )
    {   cerr << "ncs = " << ncs << endl;
        cerr << "new CrossSection[ncs] for *pCS err\n";
        exit(1);
    }
    return;
}
River::~River()
{
    #ifdef DEBUG_DELETE
    cout << "\ndelete [ ]pCS;ncs = " << ncs;
    #endif
    delete [ncs]pCS;
}
double River::distDam(void)
{   return Ldam;
}
double River::volume(double z)
{
    CrossSection *p, *p1, *pHead = pCS, *pTail = pCS + ncs - 1;
    double v = 0.0,dv,x,dLtail;
    if(pHead -> Zmin() > = z)
        return 0.0;
    for(p = pHead; ;p ++ ) //head area not added !
    {   if(p == pTail)              //to estimate a tail area here
        {   p1 = p - 1;
            x = yDependOnx(p1-> Zmin(),p1-> dist(),p-> Zmin(),p -> dist(),z);
            dLtail = x - p -> dist();
            dv = p -> area(z) * dLtail/3.0;    //area estimated !
            v + = dv;
            break;
        }
```

```
        p1 = p + 1;
        if(p1-> Zmin() > z)
        {       x = yDependOnx(p -> Zmin(),p -> dist(),p1 -> Zmin(),p1 -> dist(),z);
                dLtail = x - p -> dist();
                dv = p -> area(z) * dLtail/3.0;
                v + = dv;
                break;
        }
        dv = VolumeBetween(p,z,p1,z);
        v + = dv;

    }
    return v;
}
```

相比之下,Visual Basic 语言就没有上述缺点,或者说,Visual Basic(以下简称 VB)语言刚好弥补了 C ++ 语言和 Java 语言等不友好和不易阅读的缺点。例如,在 VB6 及其以前的一些版本中,它把初始化(Initialize)功能放在 Class_Initialize 的子例程中,把对象销毁时起撤销作用的功能放在 Class_Terminate 子例程中,并将其归于 Initialize 事件和 Terminate事件,用 Me 表示本对象(而不是像 C ++ 中用 this),显然更容易理解。尽管 Initialize事件和Terminate事件不是 C ++ 语言中真正意义上的构造函数和析构函数(因为它不能带参数,无法重载),但这已经能够满足 90% 的实际需要了。VB 语言尽量不用符号代替命令,除非这个符号是实际生活中常用的(如 + 、- 、* 、/、=),而是尽可能使用常见英语单词,如用逻辑运算符"Not"代替 C ++ 中的"!",吸收结构化查询语言 SQL 中的好的命令,如字符串判断和比较命令 Like;不用令人厌烦的";"号分割代码;在开关语句 Select Case 的 Case 判断中,如果有多个 Case 时,每个 Case 代码结束的默认不是进入下一个 Case 代码块中,不像 C ++ 语言中非要加上一个 break……另外,VB 语言通过将"事件的程序化命名"的办法,极其巧妙地解决了 Windows 多任务操作系统的消息循环难以理解和不易管理的麻烦,使得编写 Windows 应用程序变得很容易上手。由于 VB 语言语法的设计最接近人的自然语言,因此理解和使用起来就非常容易。诚然,VB6 及其以前的版本不是完全面向对象的,因为面向对象封装、继承和多态的三大特征中,VB 语言其实只具备封装。这使 VB 语言被一些专业的程序设计者笑称为"玩具程序设计语言",但随着 VB. Net的出现,这些嘲笑者应该停止他们的嘲笑了——现在 VB 语言已经具备了继承和多态,并且具有 Java 语言的结构化的异常处理,有和 C ++ 语言中功能一致的构造函数和析构函数,它分别使用 new(新建)和 Finalize(完成化)这样非常容易理解的英语单词表示,功能相似只不过名字不叫构造函数和析构函数罢了。现在 VB 语言已经是名副其实的面向对象程序设计语言了,完全可以和 C ++ 语言平起平坐了。VB 语言是一门现代的、强大的、面向对象的和简单易用的可视化程序开发语言。

起初,出于对用户是否接受的担心,微软将 VBA 只嵌入在 Excel 中,但一经推出,备受欢迎。于是微软将其嵌入到 Office 的其他组件和软件如 Word、PowerPoint 和 Access 等组件中。有很多软件公司向微软购买 VBA IDE,将其作为自己软件的二次开发语言,如 Autodesk 公司著名的计算机辅助设计软件 AutoCAD,一个叫做 MapInfo 的地理信息系统软件中的二次开发语言 MapBasic 也是模仿 VB 的。

借助 Visual Studio. Net,Office 开发人员可以利用 Visual Studio Tools for Office 提供的项目模板,在 Visual Studio . NET 2003 中使用 VB. NET 语言编写文档扩展。但所编写的代码存储在一个独立的程序集中,与文档或工作簿分别存放,因此部署在服务器上时,很容易进行更新,但它能响应文档或工作簿中发生的事件。在中心位置进行更改,就可以把这些更改发布到使用该解决方案的每个客户端。

3.5 未来 Office 软件的发展方向

自从 1985 年微软推出 Excel,以及之后推出的 Works(Office 软件的前身)后,微软就一直处于办公软件的领先地位,尤其是自从 1995 年 Lotus 公司被 IBM 公司收购后,微软的 Office软件几乎没有遇到什么挑战。确实,经过 20 多年的不断改进,Microsoft Office 的质量很好,似乎已经十分成熟,普通用户对其功能一般都表示满意。以后的 Office 将如何发展?

3.5.1 集成

如果我说微软的 Office 软件在设计之初犯了一个巨大的错误,很可能一般人不同意,尽管它在商业上是非常成功的,尽管它的质量非常好,尽管它是最流行最受欢迎的 Office 软件。

受以前的电子表格软件、字处理软件和幻灯制作软件设计思路的影响,这三个组件被设计为三个软件,要么是一个软件或虽然是一个软件,但文件格式却是截然不同的三个。以微软的办公软件为例,微软的办公软件设计也是一个个单独的应用程序 —— 电子表格是 Excel、字处理是 Word、多媒体汇报是 PowerPoint。类似微软的办公软件的实际思路的还有很多,如 IBM Lotus Symphony、StarOffice、OpenOffice,国内有金山 WPS Office、中文 2000 等。

字处理软件(如 Word)虽然被称为“字处理”,但显然还有很多其他信息,如图表和一些自动化对象。作为一个办公软件,字处理软件中含有图表是非常常见的。同样,作为演示文稿软件(如微软的 PowerPoint)也应具有和字处理软件类似的功能。科技论文的文档也是这样的。因此,字处理软件中的图表(图和表)和电子表格中的图和表应该能够连接在一起,当电子表格中的信息发生变化时,字处理软件中的图和表也应随之变化。微软在设计字处理软件的时候,也意识到了用户的这种需求。微软推出的解决方案是 OLE,即 Object Linking and Embedding,翻译成汉语叫做对象连接与嵌入,简称 OLE 技术。这个技术在推出之初是“非常令人兴奋”的,据说微软的程序员曾“一蹦三尺高”,很为自己的得意之作而兴奋。OLE 也被包括当时的 Borland 公司等模仿。公平的说,OLE 确实解决了当时需要迫切解决的问题(即使现在它也很有用处),在 Word 中,你可以将 Excel 中的图表作为 Excel 对象粘贴到 Word 中(这叫做 Object and Embedding,即对象的嵌入),可以作为连接粘贴到 Word 中(这叫做 Object Linking,即对象的连接),可以在需要的时候双击这个对象来编辑它。但OLE的缺陷是,如果是嵌入的对象,如果有一处以上使用了这个对象,它只会在一处发生改变;另外,嵌入的对象很可能含有很多冗余信息,可能从而使字处理文件的尺寸变得很大。如果是将对象作为连接粘贴到Word中,Word文件的尺寸可能会小一些,而且Word文件可以在多处引用这个对象,但要命的是,如果数据源发生移动和更名(包括文件名和工作表的名字发生变化)等,连接即被破坏;另外,即使数据源没有发生变化,但数据更新的速度很慢,如果连接很多,那会慢得令人难以忍受。OLE的这些缺点在PowerPoint中当然也是存在的。现在看来OLE是一个平庸的技术,已经落后了。和以往的软件相比,微软Office的各个组件虽然功能强大,但和以往的软件的思路并没有太大的变化。微软只不过给它的几个软件起一个名字叫做Office的安装程序而已。

永中Office针对现有Office不能满足应用和存在的重大缺陷,将Office的三大应用集成在一起,充分利用了计算机"消息循环"能够对连接自动更新的特点,采用崭新的架构和Java技术,彻底解决了数据集成和无障碍跨平台的技术难题。集成技术是Office软件有史以来一个非常重要的进展,代表了新一代Office软件产品未来发展的方向,将软件应用带到了一个辽阔的境界,具有广阔的应用前景,所有的其他软件技术都应该在它面前驻足深思。

3.5.2 宏、对象模型的命名及附加组件

DOS时代,老式的电子表格软件Lotus 1-2-3和Quttro Pro/DOS的录制宏设计得非常好、非常简单易用,很多高中学生甚至一些初中生都能够很快熟悉使用。也就是说Lotus 1-2-3和Quttro Pro/DOS的宏设计是极其符合人们操作电子表格的习惯的。

就很多实际工作的需要来讲,和Quttro Pro/DOS的宏相比,Excel的宏变得过于复杂了,现在很少听说有一个初中生用Excel的录制宏来完成工作的事情了。当然,Excel的宏复杂与微软的市场定位以及Windows环境的复杂有关。微软试图将Excel变成一个开发平台,VBA在解决很多方案方面甚至一些中大型的方案方面却变得十分容易了。

在最常用的三个应用中,电子表格和字处理、简报制作差别很大,可以说如果需要编程的话,大概在电子表格中最有需要。而电子表格的操作中有特别的特点,相对引用很重要。但Excel中的相对引用常常只适用于处理一些非常简单的操作,或作为二次开发者学习其中的对象模型之用,Excel的宏记录器录制的宏代码在稍微复杂一些的操作中往往运行的结果不是使用者所希望的,这说明Excel宏的易用性是存在一些问题的。

所以,其一,电子表格的宏在二次开发方面都应该像Excel现在的VBA一样功能强大;其二,Office软件的对象模型应该像微软的Office中的各个组件所设计的一样符合人的习惯;其三,在常用的宏指令的录制和回放中,宏应该设计得像Quttro Pro/DOS的宏一样好用才行。微软在前面的两点做得很好,但第三点做得不够好,目前宏的用法对于专业的开发人员来说是很简单的,但对于大多数普通用户来说却是太过复杂了,微软没有完全做到,并不等于做不到。如何同时照顾到初中生和开发者是以后的Office软件需要深入研究和慎重对待的。不管怎么说,肯定应该有解决的办法,在这方面Quttro Pro/DOS确实还有研究和借鉴的必要。

永中Office的集成功能是好的,而且一般情况下每个组件也能够满足多数用户的多数需要,但永中Office的电子表格组件距离微软还有很大的差距。对于使用Office软件

的用户，虽然集成应该能够提高工作效率，但由于绝大多数时间内，用户是工作在一个应用中，一般情况下使用集成功能所占用的时间占总工作时间的比例不高，而在永中 Office 的电子表格还缺少不少常用的功能，如向图表粘贴数据等，单元格编辑器是模态的（而不是非模态），缺少 Lotus 1-2-3 常用键，缺少一些高级功能（如查询表）。就需要频繁分析数据的用户而言，还远不如微软的 Excel 的好用，远不如微软 Excel 的工作效率高。还有一点，那就是永中 Office 粘贴和管理链接的功能还很不完善，没有编辑链接（不是编辑链接的信息源）的功能（例如编辑链接源的单元格地址和修改链接的图表的名字），用户只能被动适应连接自动更新，而无法控制和保护这种更新。尤其是链接缺少审核机制，有时候反而还会降低工作效率（粘贴链接弄不好也会起负作用）。微软的宏命令在易用性方面不如早期的 Dos 电子表格软件 Lotus 1-2-3 和 Quttro Pro，而永中 Office 的宏在易用性方面还不如目前的微软 Excel 宏 —— 永中 Office 连相对引用都没有；永中 Office 的宏在常用功能中提供的二次开发语言 Java 在易用性和编程、代码运行效率上也远不如 VB 语言，在高级的企业级应用方面和微软的差距是非常之大的。不知道到底用它的 Java 语言如何调用访问数据库的 ADO（ActiveX Data Object）的，估计 Java 语言是很难为普通用户所接受的。另外，永中 Office 的对象模型和微软 Office 差别很大，也远不如微软的简单和符合习惯，有些对象的命名词不达意，不容易让用户“望文生义”地快速理解其含义；微软的 Office 包含有一组随软件一起发布的 Web 组件（例如，电子表格 Spreadsheet、图表 chChart 等），这些组件功能强大、使用广泛（不仅可用于网页，还可用于 VB、VBA 编程），更难能可贵的是，这些组件的对象模型和 Microsoft Office 对象模型很接近，这大大减轻了用户理解和使用的难度。永中 Office 有电子表格控件但很不好用，可能没有别的组件；永中 Office 还没有非常有用的单元格引用编辑器控件，无法使用 Windows 下的常用组件。关于高级开发方面，微软已经意识到基于文档解决方案代码更新复杂的问题，推出了将代码和文档分别部署、程序自动更新的解决方案，而永中 Office 基于文档的解决方案还有很多不成熟的地方。还有，永中 Office 有很多细节问题处理得不好，这也导致用户的工作效率降低。因此，就本人及其同事工作来说，和使用微软的 Office 相比，使用永中 Office 的工作效率不是提高了，而是大大降低了。对于普通用户的工作如此，对于二次开发的高级用户更是如此。

不管怎么说，无论是软件的稳定性和质量、常用功能、高级功能和开发功能，目前最好的仍然是 Microsoft Office。总的来说，工作效率最高的 Office 软件仍然是 Microsoft Office，这也是 Microsoft Office 被高低端用户广泛接受的重要原因。而其他包含电子表格软件或组件在内的 Office 与 Microsoft Office 相比实际上还有很大差距。

尽管微软的 Office 实际上不是真正的 Office 软件，尽管很多 Office 软件厂商宣称自己的产品完全可以替代微软的 Office，将自己的产品不为绝大多数用户所用的原因归于“用户习惯”问题（实际情况并不是这样），Microsoft Office 仍然是多数用户尤其是高端用户和企业级用户的首选办公软件。这正如微软 Office 业务高级副总裁克里斯·卡帕塞拉（Chris Capossela）表示，“我们的竞争对手中，没有一个能够在手机、浏览器或是电脑上开发出比我们更好的办公软件。”（http://tech.qq.com/a/20081029/000060.htm）

3.5.3 在线与互联

随着 Internet 的兴起和广泛使用，电脑接入网络已经是非常普遍的；世界上很多公司都有基于 Internet 的系统,在线协作和互联互通的软件变得现实而必要,于是出现了基于浏览器运行的包括电子表格软件在内的网络版的办公软件。这类软件有 Google Apps(https://www.google.com/accounts/ServiceLogin? service = writely&passive = true&nui = 1&continue = http://docs.google.com/&follow up = http://docs.google.com/&ltmpl = homepage&rm = false)、百会在线(http://gege.baihui.com/home.do),如图 3-2 和图 3-3 所示。上述两款软件的最大特点是提供了在线协作功能,同时提供字处理和幻灯片制作组件,但总的来说功能太少,以至于不能满足一些基本的要求;没有提供宏(Google Apps)或虽然有宏(百会)但所提供的事件太少等。微软也开发了自己的在线 Office(见图 3-4),估计将于 2009 年上市,可能会有个人版和企业版之分。

总而言之,使用软件工作效率的高低主要取决于软件本身所提供的功能和易用性,至于集成功能和网络协作功能则是其次的。目前,永中 Office 的电子表格远不如微软的 Excel好用和工作效率高。网络版的 Office 软件必须在线使用,受网络影响很大,程序运行得不流畅,甚至有时候非常缓慢,明显影响了工作效率。但愿未来有同时具备上述三个特点的 Office 软件诞生,那才会大幅度地提高工作效率,但目前我们只能选择 Microsoft Office的 Excel。

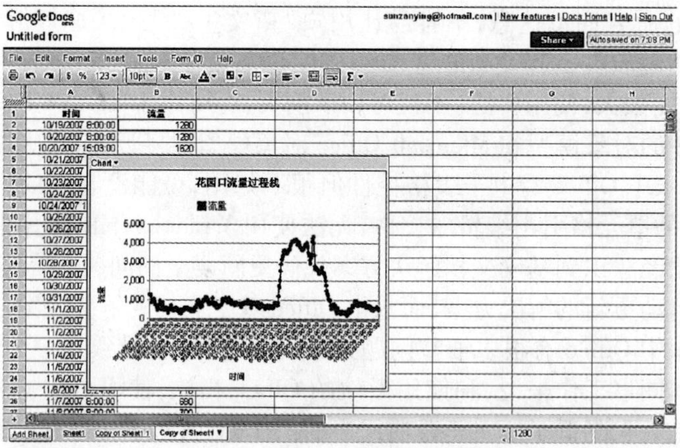

图 3-2 Google Apps 的电子表格

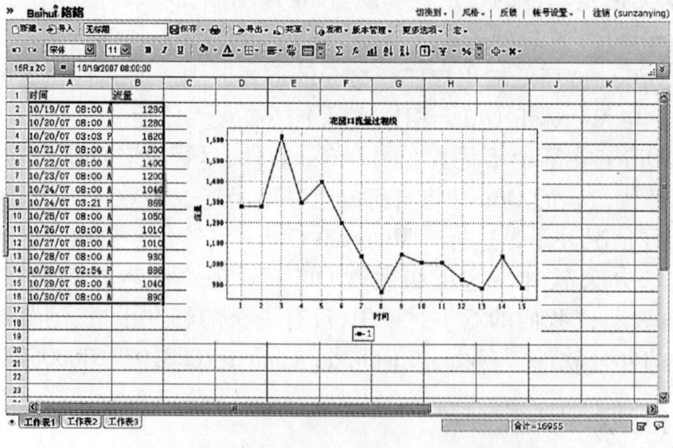

图 3-3 百会的在线电子表格——百会格格

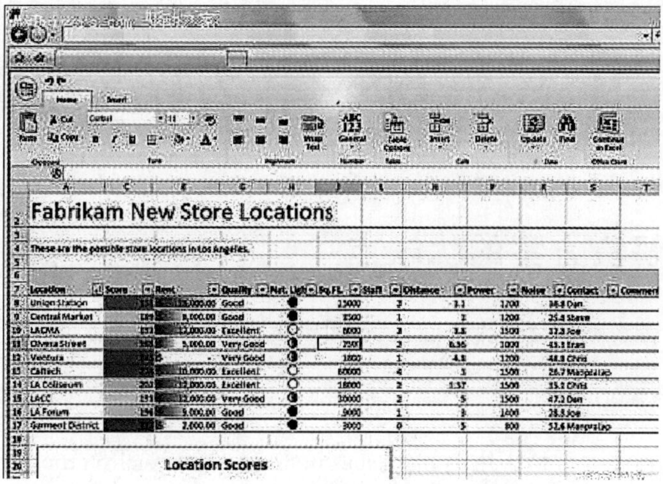
Fabrikam New Store Locations
These are the possible store locations in Los Angeles.
Location Scores

图 3-4　在线 Excel

第4章　Microsoft Office 作为解决方案的平台

4.1　各类解决方案的优缺点

对于河流水沙分析的软件设计而言,可供考虑的方案一般有如下三类。

4.1.1　纯粹的独立程序

纯粹的独立程序通常是指用诸如 Visual Studio(包括 Visual Studio . Net)开发的、可在不同计算机安装的软件,这些软件不是不与 Excel 打交道,但仅仅将 Excel 作为输出的数据文件格式,有时候也通过使用自动化技术(即 OLE)调用 Excel 对象模型的图表功能。此类软件的代表就是很多股票分析软件。此类软件的优点是灵活,但其缺点也是非常明显的:①开发的工作量巨大,因为要开发很多成熟的商业软件已经具备的功能,如图表功能;②要设计多个复杂的对象,涉及的问题很多,开发的周期很长,开发和维护的成本都很高;③质量不容易保证,一个系统越复杂,出现质量问题的可能性越大,测试的工作量也很大。

4.1.2　动态网页

动态网页也叫动态服务器网页(ASP,Active Server Page),是微软公司开发的代替 CGI 脚本程序的一种应用,它可以与数据库和其他程序进行交互,是一种简单、方便的编程工具。ASP 的网页文件的格式是. asp 或 aspx,现在常用于各种动态网站中。ASP 是一种服务器端脚本编写环境,可以用来创建和运行动态网页或 Web 应用程序。ASP 网页可以包含 HTML 标记、普通文本、脚本命令以及 COM 组件等。利用 ASP 可以向网页中添加交互式内容(如在线表单),也可以创建使用 HTML 网页作为用户界面的 Web 应用程序。与 HTML 相比,ASP 网页具有以下特点:

(1)利用 ASP 可以实现突破静态网页的一些功能限制,实现动态网页技术。

(2)ASP 文件是包含在 HTML 代码所组成的文件中的,易于修改和测试。

(3)服务器上的 ASP 解释程序会在服务器端制定 ASP 程序,并将结果以 HTML 格式传送到客户端浏览器上,因此使用各种浏览器都可以正常浏览 ASP 所产生的网页。

(4)ASP 提供了一些内置对象,使用这些对象可以使服务器端脚本功能更强。例如,可以从 Web 浏览器中获取用户通过 HTML 表单提交的信息,并在脚本中对这些信息进行处理,然后向 Web 浏览器发送信息。

(5)ASP 可以使用服务器端 ActiveX 组件来执行各种各样的任务,例如存取数据库、实现 E-mail 或访问文件系统等。

(6)由于服务器是将 ASP 程序执行的结果以 HTML 格式传回客户端浏览器的,因此使用者不会看到 ASP 所编写的原始程序代码。

这种解决方案的好处是其带有瘦客户机的特点,不要求用户必须在本地计算机上安装除浏览器外的软件,因为所有的程序都在服务器上。

这种方案适合在查询较多,或虽然有分析计算功能但比较简单的场合使用。缺点是要实现复杂分析功能,要么需要编写代码(这重复了电子表格的模块),要么通过使用 OLE 技术在电子表格和网页之间频繁切换,因此较不适合用来开发分析系统。

4.1.3 电子表格的二次开发技术

基于电子表格 Excel 的二次开发技术有很多优势:其一是用户几乎无需培训,因为 Microsoft Office 是如此的易用和流行,以至于用户可以在很短的时间内上手;其二是开发的成本很低、周期很短、质量更容易保证。由于广为使用和久经考验,Excel 的软件质量之好是有口皆碑的,这是其他同类软件难以相比的。基于 Excel 的解决方案,可以充分利用 Excel 中的对象模型的功能,大大减少不必要的开发(虽然很多功能一般软件开发人员实现起来不难但十分烦琐和耗时),可以在很短的时间内完成上述两类解决方案需要很长时间才能开发完成的功能,由于非常多的功能是直接使用 Excel 的对象模型的(或 Office 的 Web 组件的功能),软件的质量也更可靠。

4.2 Microsoft Office 平台简介

4.2.1 广大的用户群

就每个组件来说,Microsoft Office 经过近 20 年的发展完善,目前已经非常成熟,其用户数量非常众多,据说目前微软 Office 的全球用户数量达到 4.5 亿。广泛的用户群意味着文件交流的畅通无阻。

4.2.2 VBA、Office COM 和 VSTO

Excel 根本不是一个“只能用来编写小程序的”软件,包括 Excel 在内的 Microsoft Office的体系结构一开始就考虑到了自定义解决方案。有多种途径可以相对轻松地构建和 Excel“无缝”挂接的解决方案。

Excel 具备重要的企业开发平台所需的所有特性。就二次开发而言,Excel 提供的 Visual Basic for Application 可以开发工作表级的、工作簿级的和应用程序级的解决方案,方案可以非常复杂,规模可以很大,这已经完全能够满足我们开发河流水沙科学分析系统的需要;为了使得二次开发方案更容易安装部署,微软在其开发工具 Visual Studio 6.0(以及 Office 2000 Developer 和 Office XP Developer)中还提供了 Office 组件对象模型 COM (Component Object Model)的开发方式。可以在同时安装了 Office 2003 和 Visual Studio 6.0的计算机上开发基于 Excel 解决方案的 COM 加载项。和使用 VBA 相比,使用 Visual Studio 6.0 或以及 Office Developer 开发的方案更容易分发和部署,但使用 Excel 的内置的 VBA 语言则更简单。

基于文档的 Excel 解决方案(包括工作表级的应用程序和工作簿级的应用程序)是一个非常突出的问题,因为用户很可能修改文档的同时也修改了包含在文档中的代码,要更新这些代码是一件麻烦的事情;用 VBA 开发的面向对象的并且是基于应用程序级的解决方案和基于 COM 开发的解决方案上述难以部署的问题会小一些,但仍然存在。

降低开发成本和降低系统部署的复杂性一直是高端用户和企业级用户的呼声。为此,微软在 Visual Studio 7.0 及其以后的版本中提供了一个叫做 Office 开发工具的 VSTO (Visual Studio Tools for Office),彻底解决了上述问题。Visual Studio Tools for Office 通过提供非常灵活的部署模型来解决这些问题。Visual Studio Tools for Office 解决方案(应用程序级别的加载项和文档级别的自定义)允许在本地或远程部署代码,这两种方式均支持自动更新。在远程部署的情况下,由于程序集位于服务器上,而不是传播到每个用户的桌面,因此管理任务得以简化。在 Office 加载某个解决方案时,Visual Studio Tools for Office运行时会检查是否有更新的版本,如果发现有更新的版本,它会自动向本地计算机下载该更新。

4.2.3 Microsoft Access、SQL Server

Microsoft Office Access(曾被称作 Microsoft Access)是由微软发布的关联式数据库管理系统。它结合了 Microsoft Jet Database Engine 和图形用户界面两项特点,是 Microsoft Office 的成员之一。

在微软的 Office 软件的组件中,最为广大用户熟悉的是 Word 和 Excel,因为它们功能繁多、方便易用。Access 数据库管理系统是 Microsoft Office 套件的重要组成部分,适用于小型商务活动,用以存储和管理商务活动所需要的数据。Access 不仅是一个数据库,而且具有强大的数据管理功能,可以方便地利用各种数据源生成窗体(表单)、查询、报表和应用程序等。Microsoft Access 是一种关系数据库。表 4-1 ~ 表 4-3 给出了 Microsoft Access 数据库的一些规格指标,黄河河流泥沙数据量虽然很大,约为 600 MB,却远小于 Microsoft Access 数据库的上限 2 GB;本书的第 9 章列出了黄河水文泥沙数据库的表和字段情况,对比 Microsoft Access 的各项规格可以发现,Microsoft Access 完全能够满足要求。

表 4-1　Access 数据库的规格

属性	最大值
Microsoft Access 数据库 (.mdb) 文件大小	2 GB 减去系统对象
数据库中的对象个数	32 768
模块(包括 HasModule 属性为 Ture 的窗体和报表)	1 000
对象名称中的字符数	64
密码的字符个数	14
用户名或组名的字符个数	20
并发用户的个数	255

表 4-2　Access 数据库表的规格

属性	最大值
表名的字符个数	64
字段名的字符个数	64
表中字段的个数	255
打开表的个数	2 048;实际可打开的表的数目可能会少一些,因为 Microsoft Access 还要打开一些内部的表
表的大小	2 GB 减去系统对象所需的空间
“文本”字段的字符个数	255
“备注”字段的字符个数	通过用户界面输入为 65 535;以编程方式输入时为 1 GB 的字符存储
“OLE 对象”字段的大小	1 GB
表中的索引个数	32
索引中的字段个数	10
有效性消息的字符个数	255
有效性规则的字符个数	2 048
表或字段说明的字符个数	255
当字段的 UnicodeCompression 属性设置为“是”时的记录的字符个数(除“备注”字段和“OLE 对象”字段外)	4 000
字段属性设置的字符个数	255

表 4-3　Access 数据库查询的规格

属性	最大值
实施关系的个数	每个表为 32 减去表中不包含在关系中的字段或字段组合的索引个数
查询中的表的个数	32
记录集中的字段个数	255
记录集大小	1 GB
排序限制	255 个字符(一个或一个以上字段)
嵌套查询的层次数	50
查询设计网格一个单元格中的字符个数	1 024
参数查询的参数字符个数	255
WHERE 或 HAVING 子句中 AND 的个数	99
SQL 语句中的字符个数	约为 64 000

Microsoft Access 数据库是桌面数据库,不是像 SQL Server 和 Oracle 这样的服务器数

据库，但是可以将 Microsoft Access 数据库升迁/转换为 SQL Server 数据库。Microsoft Assess能够存取 Access/Jet、Microsoft SQL Server、Oracle，或者任何 ODBC 兼容数据库内的资料。也可以从已建成的 SQL Server 和 Oracle 提取信息到本地桌面数据库。

4.2.4 ActiveX Data Object(ADO)

数据库软件很多，除上面提到的 Microsoft Access/SQL Server 和 Oracle 外，还有 dBase、Paradox、Approch、MySQL 等，甚至格式整齐的 Excel 文件有时候也被作为数据库文件来读写，这些数据库的格式都不统一，这为访问这些数据库带来了麻烦，因为不同的数据库，访问它的驱动程序不同。

IBM 和 Oracle 提倡建立一个统一的数据库格式来简化问题，微软则认为，与其如此，不如提供一个能够访问不同数据库的统一接口，这样会更加实用一些。这就是微软设计 ActiveX Data Object(ADO)的初衷。

微软的 ActiveX Data Objects 是一个用于存取数据源的 COM 组件。它提供了编程语言和统一数据访问方式 OLE DB 的一个中间层。允许开发人员编写访问数据的代码而不用关心数据库是如何实现的，只用关心到数据库的连接。微软在数据库和微软的 OLE DB 中提供了一种“桥”程序，这种程序能够提供对数据库的连接。开发人员在使用 ADO 时，其实就是在使用 OLE DB，不过 OLE DB 更加接近底层。ADO 的一项属性远程数据服务，支持“数据仓库”ActiveX 组件以及高效的客户端缓存。作为 ActiveX 的一部分，ADO 也是 COM 组件的一部分。ADO 是由早期的微软数据接口远程数据对象 RDO 演化而来的。RDO 同微软的 ODBC 一同连接关系数据库，不过不能连接非关系数据库。

ADO 大大简化了访问不同数据库的工作，在使用过程中用户只需关心数据库连接，常用的结构化查询语句一般都一样，所以 ADO 也被称为“万能”数据库访问策略。支持 COM 的语言如 Visual Basic、Visual Basci Script、Visual C ++ 、Visual J ++ 、Visual C#、Borland Delphi 等都支持通过调用 ADO 来访问数据库。ADO 向 VB 程序员提供了很多好处，包括易于使用、熟悉的界面、高速度以及较低的内存占用等。

第5章　基于 Excel 平台的黄河水沙科学分析系统

基于 Excel 平台的黄河水沙科学分析系统是一个基于 Excel 应用程序级的系统。系统采用面向对象的现代软件设计思想设计对象模型，其不但具备自定义工具栏、三维活表格、地图上存取三重图形界面，还提供大量简单、巧妙和灵活多样的工作表函数；不但具有基于数据库的查询和分析功能，还具有很多辅助分析工具。

5.1　对象模型

图 5-1 给出了主要对象模型的对象树，其中有些对象是集合，如 Rivers、CrossSections。

5.2　工具条界面

如图 5-2 所示为工具条的图形界面，它提供了提取和保存数据的最经典的途径。数据库共有 4 个，分别是历史水文数据库、实时水情数据库、黄河下游河道实测大断面数据库和小浪底水库实测大断面数据库。为说明其用法，此处仅以历史水文数据库为例。选择数据表的类型(12 种表)、测站名字和需要提取和修改的年份。初次使用，系统默认的表类型为流量日表(即逐日平均流量成果表)，默认的水文站为黄河下游花园口站，年份为最新年份。系统采用面向对象的程序设计，如果改变了表的类型，将会触发一个事件，测站的下拉列表内容将自动发生变化，只列出有资料的测站的名字；同样，如果测站的名字发生变化，也将会触发另一个事件，年份的下拉列表内容将随之发生变化。也就是说，表的名字发生变化，将触发两个事件。以要提取花园口 1996 年的逐日平均流量实测成果表为例，选择“流量日表”，“花园口”将出现在测站的下拉列表中(因为花园口站有至少一年的逐日平均流量实测成果)，此时“年份”下拉框的当前内容为 2008，因为花园口站有 2008 年的逐日平均流量实测成果，但同时“年份”下拉列表中含有 1996 年的项目，因为花园口站有 1996 年的逐日平均流量实测成果。可以从下拉列表中选择 1996 年；也可以直接在“年份”下拉框中通过计算机键盘直接输入“1996”然后敲击键盘的“回车”。之后，按 ，将出现图 5-3 所示的窗体。可以看到，这个窗体默认是对“1996 年花园口流量日表”的分析，在这里，大体上可以做两类事情：①对一个站年进行分析。例如，对花园口 1996 年流量日表的分析。②对一个和你选择的站年有关的资料进行分析。例如，如果对 1996 年的所有站分析，或者对花园口的所有年进行分析。

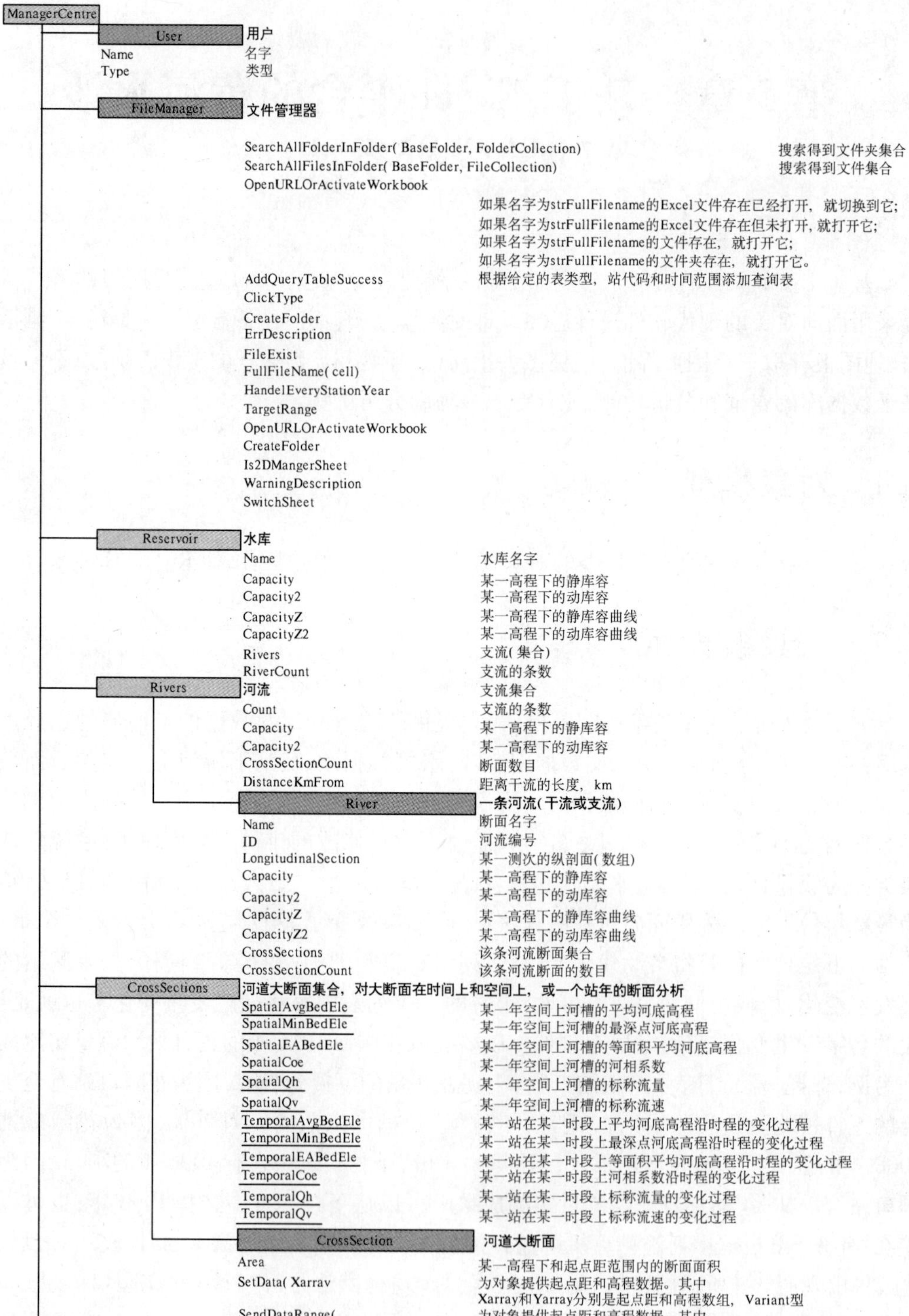
ManagerCentre
User 用户
Name 名字
Type 类型
FileManager 文件管理器
SearchAllFolderInFolder(BaseFolder, FolderCollection) 搜索得到文件夹集合
SearchAllFilesInFolder(BaseFolder, FileCollection) 搜索得到文件集合
OpenURLOrActivateWorkbook
如果名字为strFullFilename的Excel文件存在已经打开，就切换到它;
如果名字为strFullFilename的Excel文件存在但未打开，就打开它;
如果名字为strFullFilename的文件存在，就打开它;
如果名字为strFullFilename的文件夹存在，就打开它。
AddQueryTableSuccess 根据给定的表类型，站代码和时间范围添加查询表
ClickType
CreateFolder
ErrDescription
FileExist
FullFileName(cell)
HandelEveryStationYear
TargetRange
OpenURLOrActivateWorkbook
CreateFolder
Is2DMangerSheet
WarningDescription
SwitchSheet
Reservoir 水库
Name 水库名字
Capacity 某一高程下的静库容
Capacity2 某一高程下的动库容
CapacityZ 某一高程下的静库容曲线
CapacityZ2 某一高程下的动库容曲线
Rivers 支流(集合)
RiverCount 支流的条数
Rivers 河流 支流集合
Count 支流的条数
Capacity 某一高程下的静库容
Capacity2 某一高程下的动库容
CrossSectionCount 断面数目
DistanceKmFrom 距离干流的长度，km
River 一条河流(干流或支流)
Name 断面名字
ID 河流编号
LongitudinalSection 某一测次的纵剖面(数组)
Capacity 某一高程下的静库容
Capacity2 某一高程下的动库容
CapacityZ 某一高程下的静库容曲线
CapacityZ2 某一高程下的动库容曲线
CrossSections 该条河流断面集合
CrossSectionCount 该条河流断面的数目
CrossSections 河道大断面集合，对大断面在时间上和空间上，或一个站年的断面分析
SpatialAvgBedEle 某一年空间上河槽的平均河底高程
SpatialMinBedEle 某一年空间上河槽的最深点河底高程
SpatialEABedEle 某一年空间上河槽的等面积平均河底高程
SpatialCoe 某一年空间上河槽的河相系数
SpatialQh 某一年空间上河槽的标称流量
SpatialQv 某一年空间上河槽的标称流速
TemporalAvgBedEle 某一站在某一时段上平均河底高程沿时程的变化过程
TemporalMinBedEle 某一站在某一时段上最深点河底高程沿时程的变化过程
TemporalEABedEle 某一站在某一时段上等面积平均河底高程沿时程的变化过程
TemporalCoe 某一站在某一时段上河相系数沿时程的变化过程
TemporalQh 某一站在某一时段上标称流量的变化过程
TemporalQv 某一站在某一时段上标称流速的变化过程
CrossSection 河道大断面
Area 某一高程下和起点距范围内的断面面积
SetData(Xarrav 为对象提供起点距和高程数据。其中
Xarray和Yarray分别是起点距和高程数组，Variant型
SendDataRange(为对象提供起点距和高程数据。其中
csDataRange是第一列为起点距、第二列为高程的单元格
数据

图 5-1　对象树

- SetLeftRight([设置计算的起点距范围。Left和Right分别是计算的起点距的开始点和结束点。Left缺省为从第一个节点开始计算；Right缺省时为计算到最后一个起点距
- SetCalculateHi 强迫计算高水位，而若水位低于Zmin，则产生负数。此设置是通过影响CalculateAll来实现的
- SetNotCalculat 不计算高水位，则产生负数。此设置是通过影响CalculateAll来实现的
- CalculateAll(z 计算断面在水位z下面的一系列值：
- Depth0fZ 水深(某一水位的最大水深)
- AverageDepth0f 平均水深
- Area0fZ 面积
- Width0fZ 河宽
- Coe0fZ 河相系数
- WPerimeter0fZ 湿周(Wetted Perimeter)
- CSDischarge0fZ 断面的过流能力因子：标称流量(水深的5/3次方沿起点距的积分)
- CSUneven0fZ 断面的水力不均匀系数：断面的标称流量和同水面宽同面积的矩形的标称流量的比值
- Velocitv0fZ 或标称流速：断面的标称流量和断面面积的比值
- CalculateTheZm 计算the Zmax-最大面积对应的高程
- Elevation0fAre 计算面积aArea下的对应高程
- Elevation0fQh (计算标称流量aQh下的对应高程)
- Zavg0fWidth(0p 计算给定宽度的水位，若缺省"宽度"，则计算全断面。
- DistanceLeft 返回由SetLeftRight方法设定的左边起点距。要访问全断面
- DistanceRight 返回由SetLeftRight方法设定的右边起点距。要访问全断面
- StartDistance 只读属性,返回第一个起点距数据(如果出错,则返回出错信)
- EndDistance 只读属

QDailyTable **流量日表对象，提供提取、统计、分析和生成有关流量日表的数据和图表**

- Qsstage 统计一个站年的流量级，包括不同流量级的径流量和出现天数等
- Qsmax 一个站年如平均最大流量和出现的时间
- Qavg 一个站年的平均流量
- Runoff 年径流量
- RunoffFlood 汛期径流量
- QavgMonth(Month) 各月的平均流量
- RunoffMonth(Month) 各月的径流量
- QmaxMonth(Month) 月最大流率和出现的时间(日)
- ChartMonthRunoff 生成逐月年径流量柱状图
- ChartQ 生成年流量过程线

QsDailyTable **输沙率日表对象，提供提取、统计、分析和生成有关流量日表的数据和图表**

- Qstage 统计一个站年的流量级，包括不同流量级的径流量和出现天数等
- Qmax 一个站年如平均最大流量和出现的时间
- Qavg 一个站年的平均输沙率
- Sediment 年输沙量
- SedimentFlood 汛期输沙量
- QsavgMonth(Month) 各月的平均输沙率
- SedimentMonth(Month) 各月的输沙量
- QsmaxMonth(Month) 月最大输沙率和出现的时间(日)
- ChartMonthSediment 生成逐月输沙量柱状图
- ChartQs 生成年输沙率过程线

SDailyTable **含沙量日表对象，提供提取、统计、分析和生成有关流量日表的数据和图表**

- Sstage 统计一个站年的流量级，包括不同流量级的含沙量和出现天数等
- Ssmax 一个站年的如平均最大含沙量和出现的时间
- Savg 一个站年的平均含沙量
- SsavgMonth(Month) 各月的平均含沙量
- SMaxMonth(Month) 月最大含沙量和出现的时间(日)
- CharMonthSavg 生成逐月平均含沙量柱状图
- ChartS 生成年含沙量过程线

0QTable **实测流量表对象，提供提取、统计、分析和生成有关流量日表的数据和图表**

- MaxQ 最大流量及其相关量
- MaxZ 最高水位及其相关量
- ChartQ 生成流量过程线
- ChartZ 生成水位过程线
- ChartZandQ 生成流量和水位过程线(水位为第二Y轴)
- ChartZQ 生成水位流量关系曲线

FTable **洪水要素表对象，提供提取、统计、分析和生成有关流量日表的数据和图表**

- MaxQ 最大流量及其相关量
- MaxZ 最高水位及其相关量
- MaxS 最大含沙量及其相关量
- ChartQ 生成流量过程线
- ChartZ 生成水位过程线
- ChartQandZ 生成流量和水位过程线(水位为第二Y轴)
- ChartS 生成含沙量过程线
- ChartQandS 生成流量和含沙量过程线(含沙量为第二Y轴)
- ChartZQ 生成水位流量关系曲线

续图 5-1

说明：

1. 从左到右,表示对象的层次从低到高；
2. 带有浅色阴影者表示含有子对象,带有深色阴影者表示最底层的对象；
3. 下画线者表示对象的方法或属性；
4. 黑体字为对象的简要说明；
5. 宋体非下画线者为对象的方法或属性的说明性文字；
6. 上述列出的仅是主要的对象和对象的主要方法。

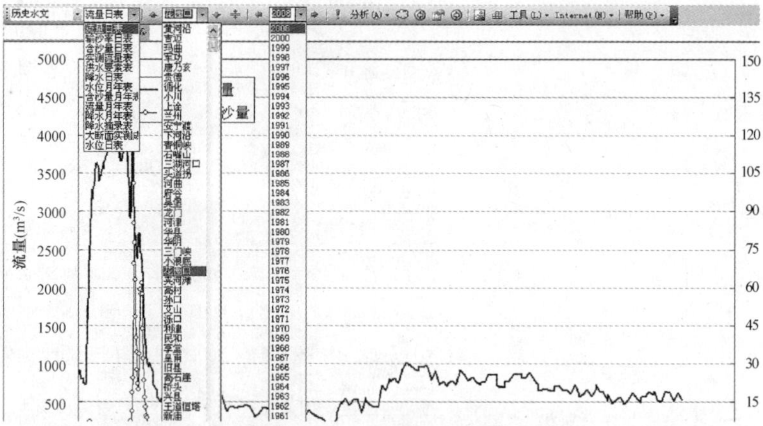

图 5-2　工具栏用户界面

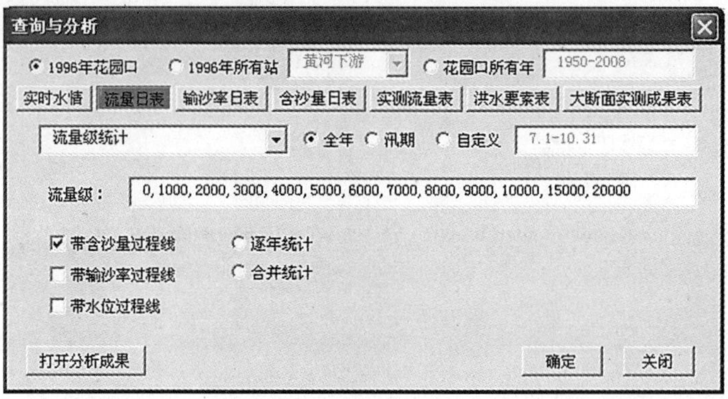

图 5-3　查询与分析窗体

如果选择的是流量日表，则可供选择的功能提供在流量日表选项卡的一个下拉框中（见图 5-4），流量日表的查询和分析功能有流量过程线数据表、流量过程线数据表和图表、流量级统计、逐月（水量）统计和年（水量）统计。可以在提取流量日表数据时选择是否同时提取含沙量、输沙率和水位过程线；如果流量级计算，则可以修改默认的流量级，以使符合需求，可以选择是逐年统计还是合并统计；可以指定每年的计算范围，是按全年、汛期还是按自定义时段计算等。在图 5-3 的窗体上按下“确定”时，会弹出如图 5-5 所示的窗体用以指定如何输出。

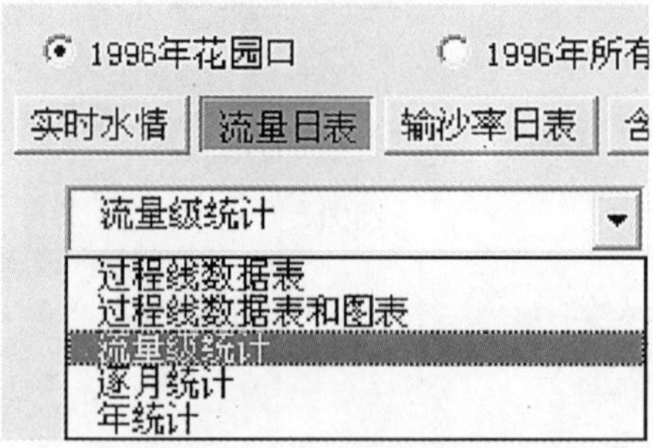

图 5-4　流量日表的查询和分析功能

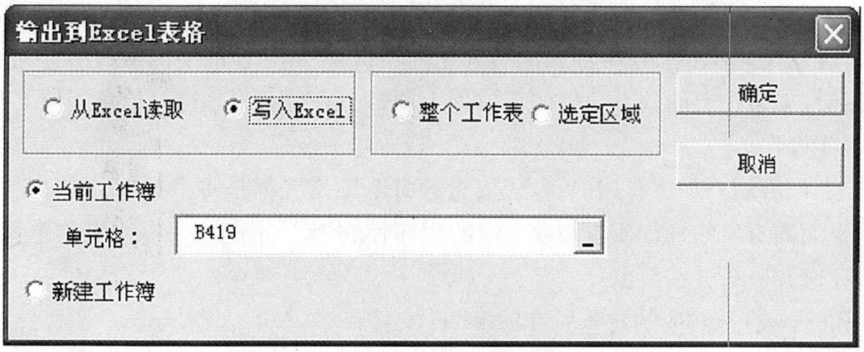

图 5-5　输出窗体

5.3　三维活表格界面

正如上文分析，水文泥沙数据具有逻辑上的二维性和三维性，在很多情况下很适合电子表格软件处理。一个专用的执行扫描动作的程序对网页、Excel 文件或 Microsoft Access 数据库中的信息进行扫描（这个专用的扫描程序还会在日后执行刷新任务）后，会生成图 5-6—一个有一系列工作表的工作簿，而每个这样的工作表都带有纵横表头。

图 5-6 显示了对历史水文数据库的逐日平均流量成果表扫描后得到的 Excel 文件的工作表，在纵横表头的右下方的每个单元格都对应一个站年，专用的自动扫描程序会为有资料的站年的对应单元格填充一种颜色，而没有资料的站年留为无填充色。一种工作表则对应一种表，每个工作表的纵横表头分别完全相同，一系列的二维表组成的三维表格刚好是一个 Excel 文件的工作簿。

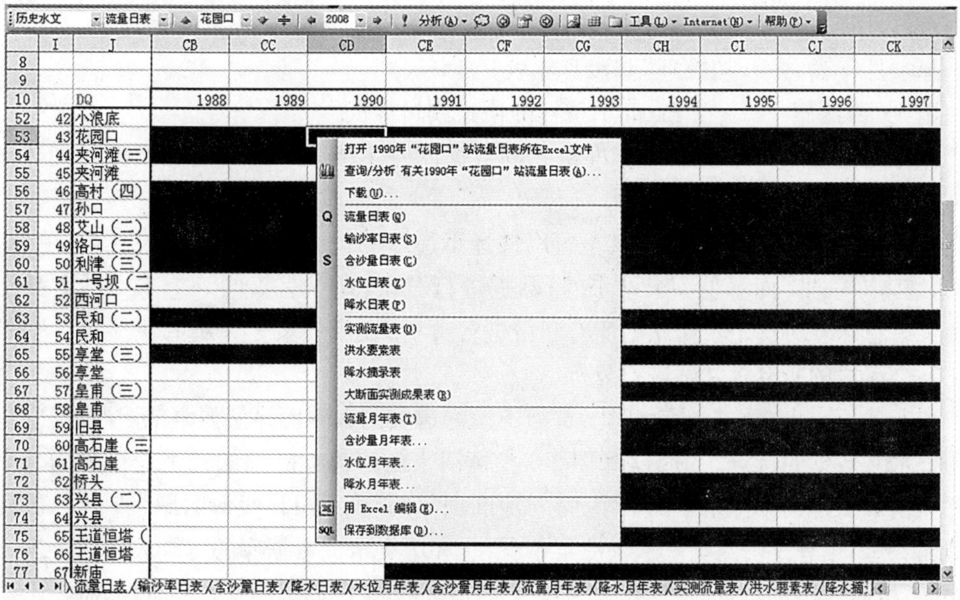

图 5-6　历史水文数据库三维活表格界面

这个工作簿向用户以最直观的方式显示了黄河流域有实测资料以来的实测资料的基本情况，包括有哪些测站，每个测站测验开始的年份，中间年份的实测资料情况、测站的沿革等。显然，如果在上面的下拉框的下拉列表项目中查看和显示这些信息不但不直观、而且需要一些操作。

这个工作簿的一个更有用的特点是，它的每个工作表都是一个个“活”的表。准确地说，是一个面向对象的、Excel 应用程序级的程序使它“活”了起来——快捷菜单显示了如何编辑、存储和分析这些数据：

打开 —— 打开对应的站年所在的 Excel 文件；

查询/分析 —— 对一个或多个站年进行数据查询和分析；

下载 —— 执行下载任务；

流量日表 —— 切换到“流量日表”

输沙率日表 —— 切换到“输沙率日表”

含沙量日表 —— 切换到“含沙量日表”

水位日表 —— 切换到“水位日表”

降水日表 —— 切换到“降水日表”

实测流量表 —— 切换到“实测流量表”

洪水要素表 —— 切换到“洪水要素表”

降水摘录表 —— 切换到“降水摘录表”

大断面实测成果表—— 切换到“大断面实测成果表”

流量月年表 —— 切换到“流量月年表”

含沙量月年表 —— 切换到“含沙量月年表”

水位月年表 —— 切换到“水位月年表”

降水月年表 —— 切换到“降水月年表”

用 Excel 编辑 —— 在 Excel 中按标准格式编辑数据

保存到数据库—— 把符合标准格式的数据库一个或多个站年的数据保存到 Access 数据库

可以选择一个单元格区域，甚至可以选择不连续的单元格，然后选择快捷菜单，这时候，系统将对一批（而不是一个站年的）数据进行分析；在纵表头的一个水文站上弹出的快捷菜单意味着对这个水文站的所有年份进行分析；在横表头上弹出的快捷菜单则是对一年某个河段的所有水文站进行分析。

和上述历史水文数据的表相比，黄河下游河道实测大断面显然要复杂一些，但它仍具有历史水文数据的特点。图 5-7 和图 5-8 是黄河下游河道大断面的二维表格界面。表格中除纵横表头外的单元格中的数字，是对应断面年的测次数目。例如，图 5-9 所示的杨小寨断面 1982 年有 3 个测次。从快捷菜单看，它和历史水文数据库的三维表格的菜单不完全相同，然而使用仍非常简单：在 15 432 个河道大断面中选取某一大断面，只需一个下拉框和一个确认窗体，见图 5-10 ~ 图 5-12。图 5-13 则显示了输出数据的 Excel 表格。

图 5-7　黄河下游河道大断面数据库的二维活表格界面

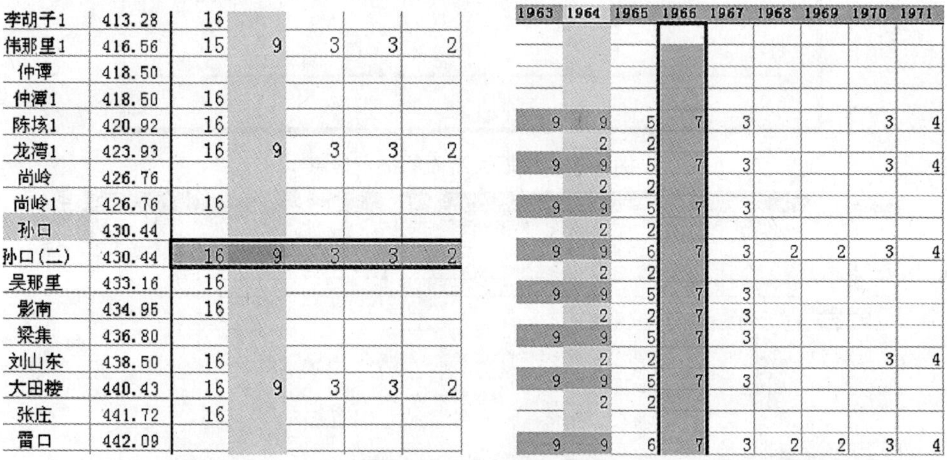

图 5-8　在纵横表头上会分别选择一个断面的全部测次和一个测次的全部断面

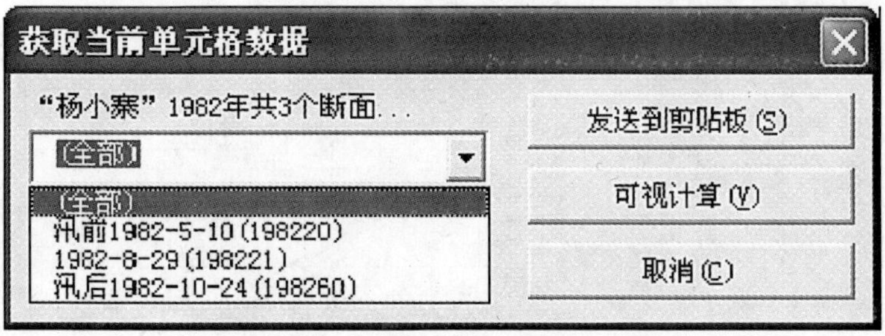

图 5-9　对应单元格断面年的断面信息

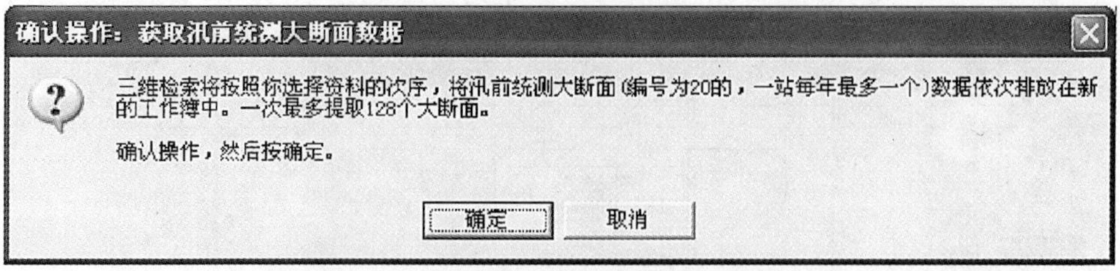

图 5-10　提取汛前统测大断面的提示信息

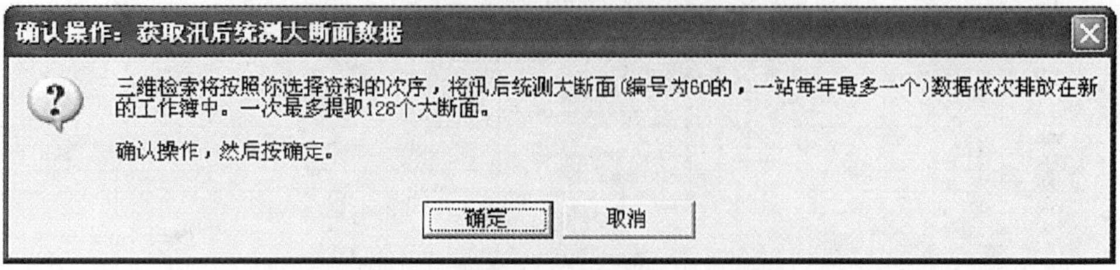

图 5-11　提取汛后统测大断面的提示信息

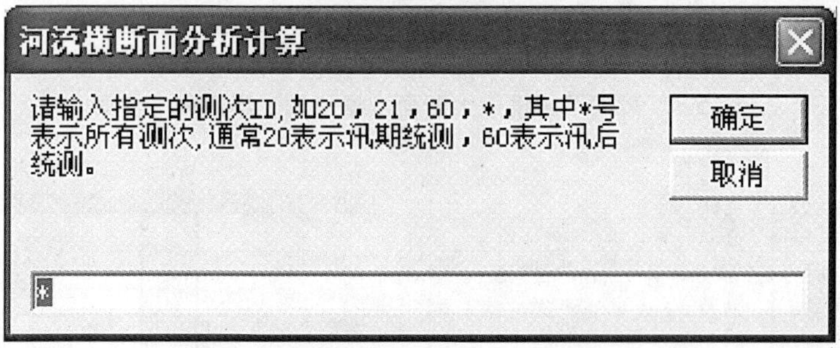

图 5-12　提取大断面的提示信息

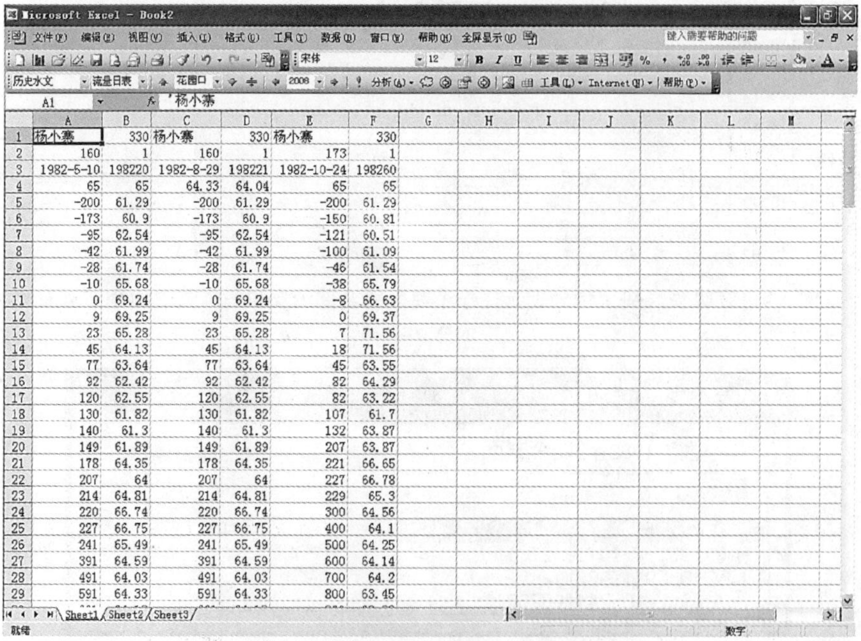

	A	B	C	D	E	F
1	杨小寨	330	杨小寨	330	杨小寨	330
2	160	1	160	1	173	1
3	1982-5-10	198220	1982-8-29	198221	1982-10-24	198260
4	65	65	64.33	64.04	65	65
5	-200	61.29	-200	61.29	-200	61.29
6	-173	60.9	-173	60.9	-150	60.81
7	-95	62.54	-95	62.54	-121	60.51
8	-42	61.99	-42	61.99	-100	61.09
9	-28	61.74	-28	61.74	-46	61.54
10	-10	65.68	-10	65.68	-38	65.79
11	0	69.24	0	69.24	-8	66.63
12	9	69.25	9	69.25	0	69.37
13	23	65.28	23	65.28	7	71.56
14	45	64.13	45	64.13	18	71.56
15	77	63.64	77	63.64	45	63.55
16	92	62.42	92	62.42	82	64.29
17	120	62.55	120	62.55	82	63.22
18	130	61.82	130	61.82	107	61.7
19	140	61.3	140	61.3	132	63.87
20	149	61.89	149	61.89	207	63.87
21	178	64.35	178	64.35	221	66.65
22	207	64	207	64	227	66.78
23	214	64.81	214	64.81	229	65.3
24	220	66.74	220	66.74	300	64.56
25	227	66.75	227	66.75	400	64.1
26	241	65.49	241	65.49	500	64.25
27	391	64.59	391	64.59	600	64.14
28	491	64.03	491	64.03	700	64.2
29	591	64.33	591	64.33	800	63.45

图 5-13　从数据库提取的杨小寨断面

5.4 地图上存取

在工具栏单击[图标],使用地图上存取。地图上存取是把黄河流域分为如下 9 个区间。在弹出的地图上找到要找的水文站或水库,在快捷菜单选择相应的功能。

(1)黄河流域(见图 5-14);

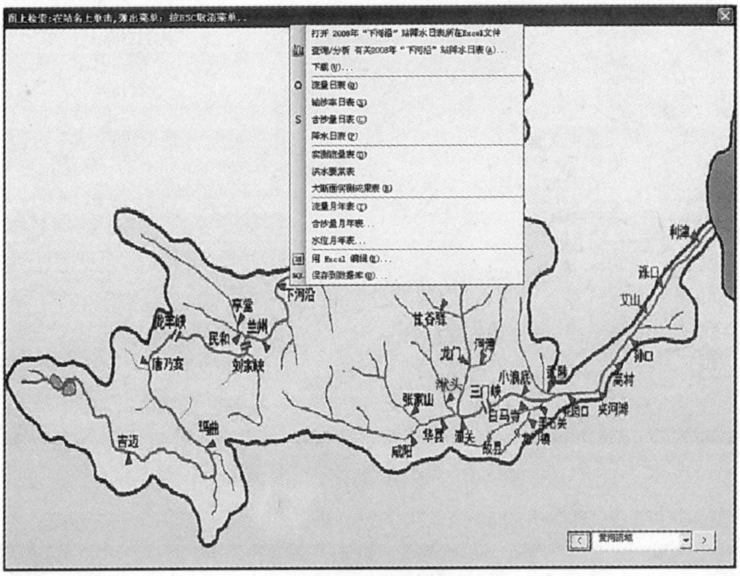

图 5-14　黄河流域图

(2)山陕区间(指山西—陕西区间,见图 5-15);

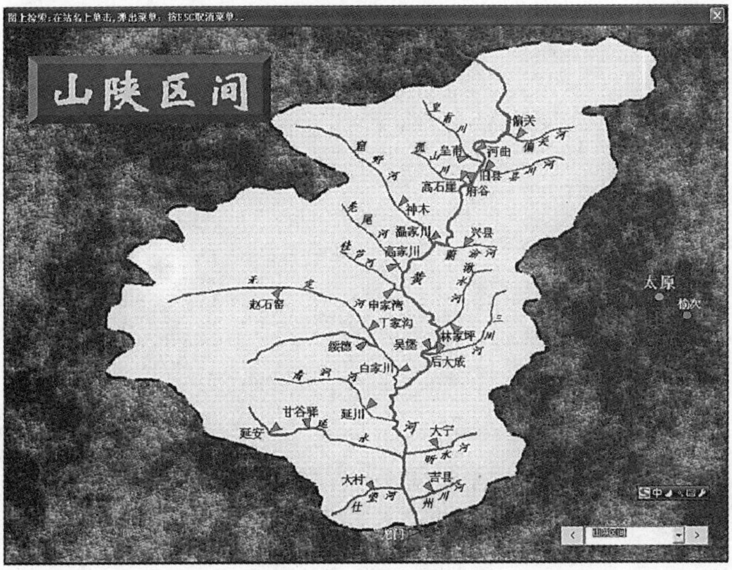

图 5-15　山陕区间图

(3)泾河、北洛河、渭河(见图5-16);

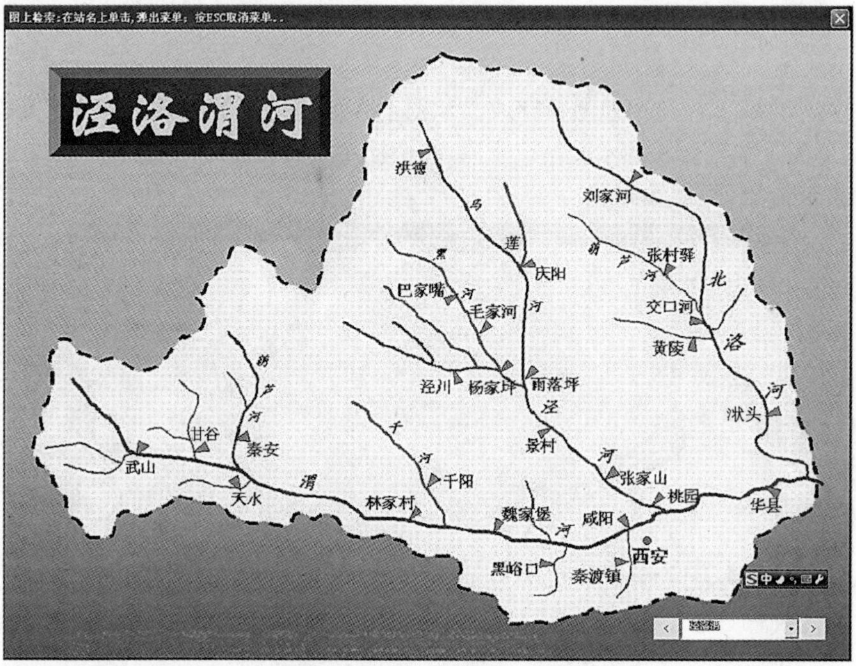

图5-16　泾河、北洛河、渭河图

(4)泾河、北洛河(见图5-17);

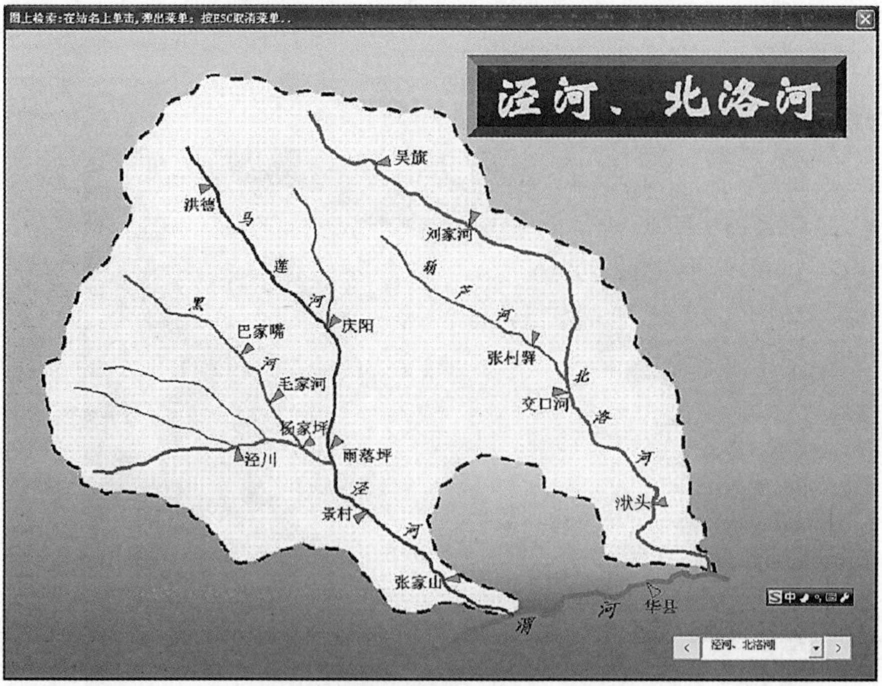

图5-17　泾河、北洛河图

(5)渭河流域(见图 5-18);

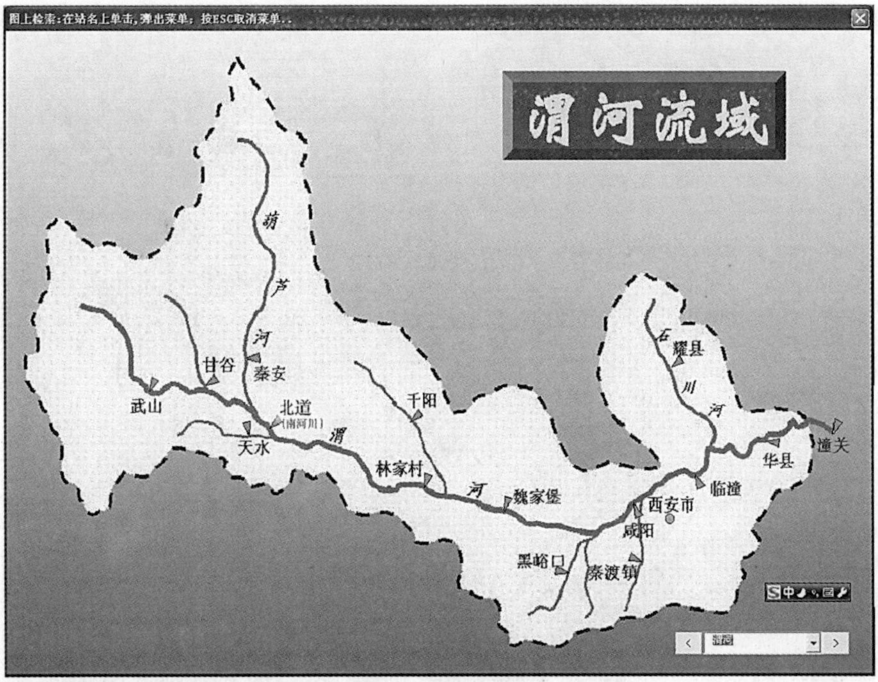

图 5-18　渭河流域图

(6)洛河流域(见图 5-19);

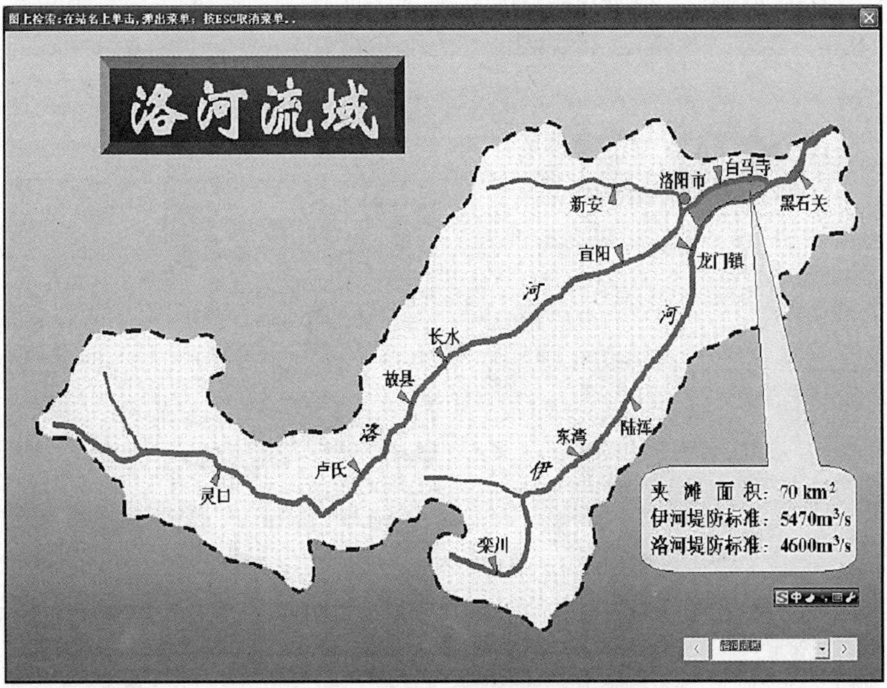

图 5-19　洛河流域图

(7)沁河流域(见图 5-20);

图 5-20　沁河流域图

(8)三花区间(指三门峡—花园口区间,见图 5-21);

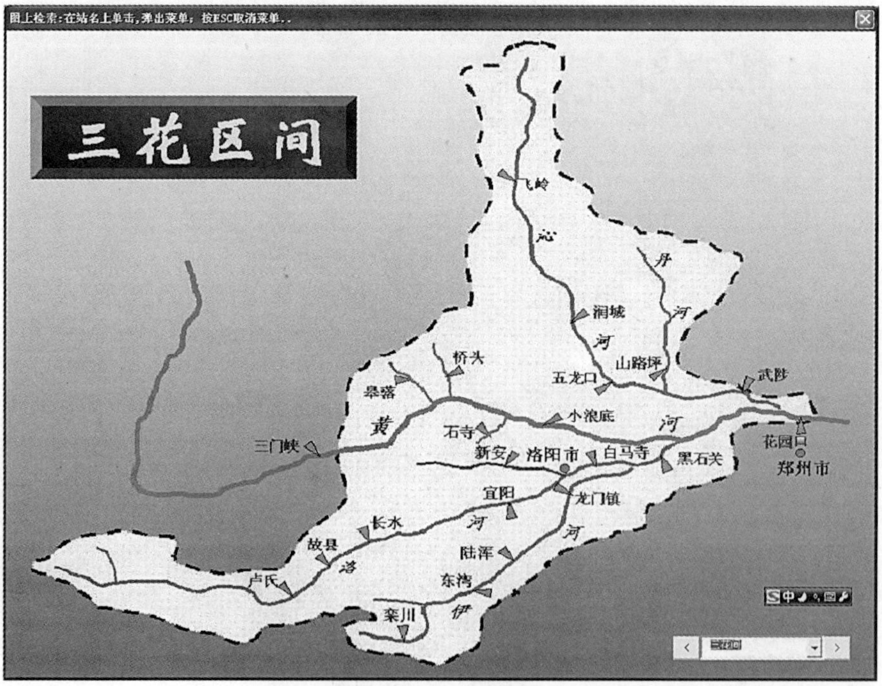

图 5-21　三花区间图

(9)黄河下游区(见图5-22)。

图5-22　黄河下游图

地图上存取的好处是非常直观的,不必打开三维活表格文件,但受地图比例和图上信息限制,缺少部分测站,这是地图上存取的缺点。

第 6 章　自定义加载宏函数

用电子表格软件进行数据分析，我们总是希望当源数据发生变化时，根据这些数据统计的结果随之变化，而不是重新计算一遍。这种需求早在十多年前就被软件设计师注意到了。只要你用过电子表格软件 Quttro Pro 或 Microsoft Excel，一定用过计算求和的函数 SUM( )和计算平均数的函数 AVERAGE( )。这里的 SUM( )和 AVERAGE( )就是这方面的简单例子——函数只返回一个数值。更广义的情况是如转置函数 TRANSPOSE( )、回归函数 LINEST( )等，函数返回多个值——在 Excel 中被称为数组。

但软件提供的函数常常不能满足用户的需求，于是各种电子表格软件还提供了供用户建立自定义函数的接口，在这方面尤以使用最广的 Excel 提供的宏语言最为规范和功能强大，它以嵌入的 VBA 语言来描述实现的过程，更为可贵的是它吸收了诸如像 C ++ 语言面向对象的特征，而且更具有描述性和更容易管理。

这里是一些作者在工作中用到的，全部用宏函数（而不是记录宏）的形式编写，这是因为宏函数具有简单、容易复制、智能更新和后台刷新的特点。能够复制可减少大量的重复单调的甚至是不必要的工作；公式一经输入，当数据源的内容发生变化时，会引发"CHANGE"消息，Excel 会对收到"CHANGE"消息的公式结果进行更新（重算），这就是 Excel 的自动更新。事实上，Excel 工作簿中常常有大量的公式，当有大量公式计算正在进行时，如果这时又有用户的鼠标或键盘等信息输入，那么，Excel 会尽可能地首先处理用户的输入，而将计算暂时搁下（suspend），在后台或用户操作的间隙完成其余的计算，实现了感觉上的快速。软件的设计充分利用了 Windows 的"消息 + 循环"的机制，而这一切是如此地自然和符合人们的习惯，以至于我们根本感觉不到它是怎么工作的。而记录宏或宏程序就没有宏函数的上述优点，并且要做到容易使用必须有很多的对话框、消息框和输入框等，这在数据分析中往往意味着低效，此外，记录宏出现操作失误时，好像无法恢复。

宏函数在文件中只是一个字符串——Excel 据此字符串寻找包含宏函数的文件，当保存文件时，宏函数的程序代码并未保存到文件，因此你的文件长度不会因为有宏函数而增加多少。这些宏函数无论编制是否复杂，用法都十分简单，很实用，特别是在河道过流能力分析计算中。

6.1　河流横断面分析计算

河流横断面计算是计算库容曲线、分析冲淤量等工作中经常用到的。如果不借助下面的宏函数，直接在 Excel 中计算仅适合一些简单的情况，而且很烦琐。本加载宏提供了多达 23 个函数，满足断面计算的各个方面；使用对象编程减少了代码的长度和重复计算；尽可能使用数组，提高了刷新速度；合理使用缺省参数能简化计算并带来灵活性；容错处理会指出用户数据中的错误，不恰当的使用将给出指导性提示；参数使用中文，一目了然，特别适合批量数据的分析计算。

设要计算某一断面一定范围内,高程 Z 下的断面面积,宏函数主要区分是否封闭两类情况:在这个范围内,断面是否和 Z 线两端同时相交。情形 1(封闭)为至少有 2 个交点;情形 2(不封闭)为只有 1 个交点或者没有交点。情形 2 适合于计算主槽的情况,对于情形 2(不封闭)必须使用后缀 2 的函数才能计算出正确结果,否则函数认为出错并返回提示信息。确实有区分这两类情况的必要,它有助于发现错误,因为有时我们只希望计算一种情形 1 (例如计算小断面时)。我们把适合计算情形 1 的函数称为 I 类函数,情形 2 的称为Ⅱ类函数或_2 函数。

所有的函数在计算前都执行相同的容错检查,如果源数据有错,或者给出的参数不合理,将返回出错信息或提示性信息。

使用说明

• 函数 Area(*断面,高程*[*,从起点距*][*,到起点距*])的用法

计算选定范围的断面面积——只有两端都与水位线相交时才计算。参数*断面*必须是 2 列的断面数据区域或数据区域名字,其中可以含有空白区域,这时宏函数将其作为“空”,而不会作为 0 处理。其他参数可以是一个数据,也可以是一个单元格。其中,方括号中的参数可以分别缺省,也可以全部缺省。缺省前面的参数时要用逗号代之。缺省[*,从起点距*]时,从断面的最左端算起;缺省[*,到起点距*]时,计算到断面的最右端;二者都缺省时计算整个断面,如图 6-2 和图 6-3 所示。

例如:

Area(A1:B82,92.1) 计算整个断面的高程 92.1 下的断面面积。

Area(A1:B82,92.1,100,3210) 计算断面在起点距范围 100 ~ 3210 间、高程为 92.1 的断面面积。

Area(A1:B82,92.1, ,3210) 计算断面从最左端到起点距 3210 间、高程为 92.1 的断面面积。

Area(CS,92.1, 100) 计算断面 CS 从起点距 100 到最右端、高程为 92.1 的断面面积。

• 函数 Area*Z*((*断面*[*,起点距 1*][*,起点距 2,*][*起算高程,*][*,止算高程*][*,节点数*])的用法

计算断面的选定起点距范围和高程范围的高程—面积曲线,返回一个行数为 $n+1$,列数为 2 的带表头的数组(n 为节点数)。其中,除参数*断面*不可缺省外,其他参数均可缺省。起点距的缺省原则同函数 Area,缺省[*起算高程,*]时从最深点算起;缺省[*,止算高程*]计算至最大面积对应的高程;缺省[*,节点数*]是计算 25 个节点。

函数的返回值要么是单值,要么是数组。上面仅举 2 个函数的用法,其他函数的用法大同小异。对于返回数组的函数,差别在于返回的数组大小不同。

关于什么是数组、如何操作,请参阅有关 Excel 的使用手册。

如果觉得直接输入公式参数不容易记忆,可以使用 Excel 的“粘贴函数”的办法。本书提供的宏函数用汉字做参数提示,使用“粘贴函数”可对其用法一目了然(见图 6-1)。至于如何“粘贴函数”,请参阅有关 Excel 的使用手册。

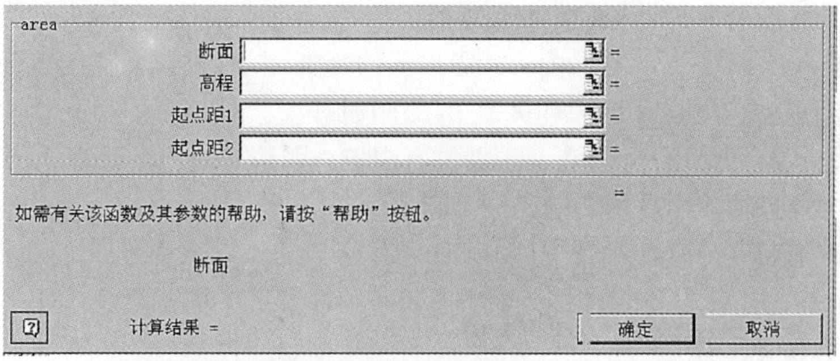

图 6-1　使用“粘贴函数”计算断面面积时，Excel 会弹出此对话框

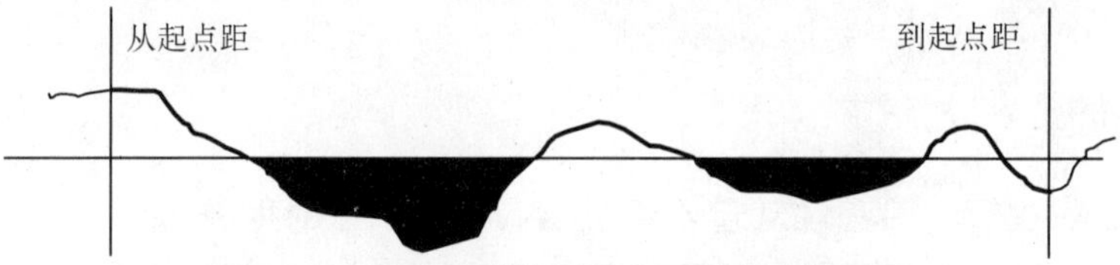

图 6-2　Area 函数计算上图中阴影部分的面积

(a)此种情形Ⅱ类函数计算结果完全相同

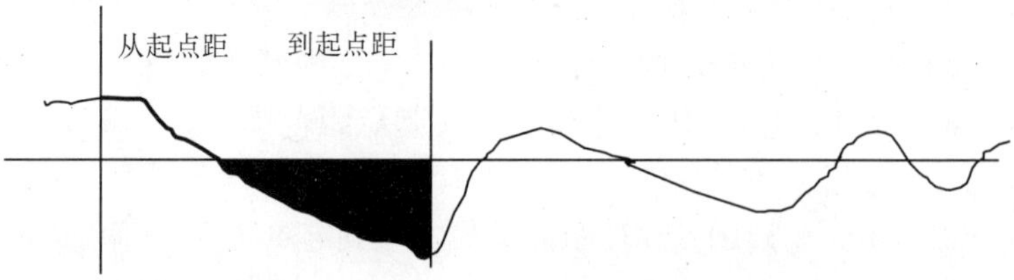

(b)此种情形应该用Ⅱ类函数，若使用Ⅰ类函数会出现“无法计算：*Z* 太高，可考虑使用_2 函数”的指导性提示

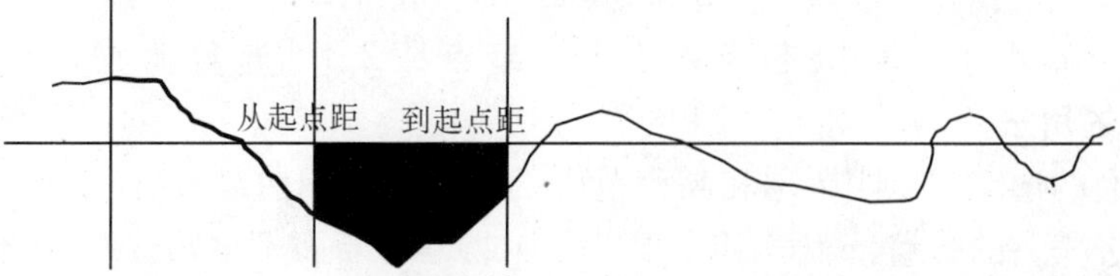

(c)此种情形应该用Ⅱ类函数，若使用Ⅰ类函数会出现“无法计算：*Z* 太高，可考虑使用_2 函数”的指导性提示

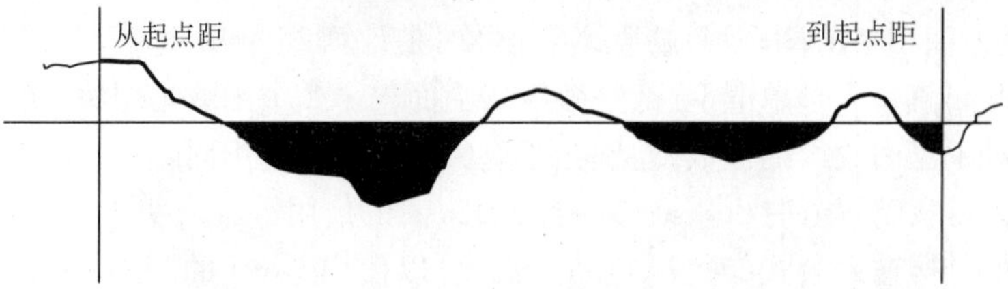

(d)

图 6-3　两类函数计算的差别示意

后缀 2 的函数(以下简称_2 函数)能够计算设定的高程不低于最深点高程的所有情况,允许水位很高的情况,也能够计算非_2 函数所计算的情况。_2 函数更宽容,有些情况二者的计算结果完全相同。

_2 函数的使用请参考河流横断面分析计算加载宏函数一览表(见表 6-1)。限于篇幅,未能在此将每个函数的所有细节逐一叙述,建议你把各个函数试一遍,也可参考范例文件的用法。

表 6-1 河流横断面分析计算加载宏函数一览表

函数名	函数说明
Area(断面,高程[,从起点距][,到起点距])	计算断面面积——只有两端都与水位线相交时才计算。方括号中的参数表示可以缺省。缺省[,从起点距]时,从断面的最左端算起;缺省[,到起点距]时,计算到断面的最右端;二者都缺省时计算整个断面,下同
Width(断面,高程[,从起点距][,到起点距])	计算某一水位下的河宽——只有两端都与水位线相交时才计算
RPCoe(断面,高程[,从起点距][,到起点距])	计算某一水位下的河相系数——只有两端都与水位线相交时才计算
WPerimeter(断面,高程[,从起点距][,到起点距])	计算某一水位下的湿周——只有两端都与水位线相交时才计算
Zmin(断面[,从起点距][,到起点距])	计算一定范围的最深点
DistOfZmin(断面[,从起点距][,到起点距])	计算一定范围的最深点的位置(起点距)
Depth(断面,高程[,从起点距][,到起点距])	计算某一水位下的最大水深——只有两端都与水位线相交时才计算
AvgDepth(断面,高程[,从起点距][,到起点距])	计算某一水位下的平均水深——只有两端都与水位线相交时才计算
OfZ(断面,高程[,从起点距][,到起点距])	计算某一水位下 8 项——只有两端都与水位线相交时才计算。返回一个 2 列的数组,例如: 最深点高程= 90.15 最深点起距= 254 高程: 92 最大水深= 1.85 河宽= 769.888 面积= 1115.94 河相系数= 19.1426 湿周= 769.941
AreaZ((断面[,起点距1][,起点距2][,起算高程][,止算高程])	断面的面积高程曲线。返回一个 2 列的数组
AreaWidthZ(断面[,起点距1][,起点距2][,起算高程][,止算高程])	断面的面积—河宽、高程曲线。返回一个 3 列的数组
AWZ(断面[,起点距1][,起点距2][,起算高程][,止算高程])	
AreaWidthDepthZ(断面)[,起点距1][,起点距2][,起算高程][,止算高程]]	断面的面积—河宽、最大水深、高程曲线。返回一个 3 列的数组
AWDZ(断面[,起点距1][,起点距2][,起算高程][,止算高程])	

续表 6-1

函数名	函数说明
CSQ(断面,高程[,从起点距][,到起点距])	计算断面的过流能力因子——只有两端都与水位线相交时才计算
Z(断面,面积)	计算某一面积的高程,并且只考虑全断面
Area2(断面,高程[,从起点距][,到起点距])	计算某一水位下的面积——允许水位很高的情况
Width2(断面,高程[,从起点距][,到起点距])	计算某一水位下的河宽——允许水位很高的情况
RPCoe2(断面,高程[,从起点距][,到起点距])	计算某一水位下的河相系数——允许水位很高的情况
WPerimeter2(断面,高程[,从起点距][,到起点距])	计算某一水位下的湿周(Wetted Perimeter)——允许水位很高的情况
Depth2(断面,高程[,从起点距][,到起点距])	计算某一水位下的最大水深——允许水位很高的情况
AreaZ2((断面[,起点距1][,起点距2 ,起算高程][,止算高程])	计算断面的面积高程曲线。返回一个 2 列的数组——允许水位很高的情况
AreaWidthZ(断面[,起点距1][,起点距2][,起算高程][,止算高程]]	断面的面积—河宽、高程曲线。返回一个 2 列的数组——允许水位很高的情况
AWZ(断面[,起点距1][,起点距2][,起算高程][,止算高程])	
AreaWidthDepthZ2(断面[,起点距1][,起点距2][,起算高程][,止算高程]) AWDZ2(断面[,起点距1][,起点距2][,起算高程][,止算高程])	计算断面的面积—河宽、最大水深、高程曲线。返回一个 2 列的数组——允许水位很高的情况
OfZ2(断面,高程[,从起点距][,到起点距])	计算某一高程下 8 项——允许水位很高的情况参见函数:OfZ()
CSQ2(断面,高程[,从起点距][,到起点距])	计算断面的过流能力因子——允许水位很高的情况
GCS(断面,自定义起点距)	根据面积相等的原则概化断面(generalize CS)。返回一概化的断面—— 一个 4 列数组,其中第一列是倒序号,然后 2 列为概化的断面的起点距和高程,最后 1 列为子断面宽

类似地,函数 Depth、AvgDepth、RPCoe 、WPerimeter、Width、Zmin、DistOfZmin、OfZ、AreaZ、AreaWidthZ(或 AWZ)、AreaWidthDepthZ(或 AWDZ)和 CSQ 计算某高程下相应部分的最大水深、平均水深、河相系数、湿周、河宽、最深点高程、最深点的起点距位置、以上诸项(数组)、面积—高程曲线(数组)、面积—河宽—高程曲线(数组)、面积—河宽—水深—高程曲线(数组) 和过流能力因子,而函数 Z 则计算全断面某一面积对应的高程。

Area2 函数计算图 6-3 中的阴影部分的面积——所有低于设定高程下的面积。类似地,函数 Depth2、AvgDepth2、RPCoe2、WPerimeter2、Width2、CSQ2、AreaZ2、AreaWidthZ2(或 AWZ2)、AreaWidthDepthZ2(或 AWDZ2)和 CSQ 计算相应的部分。计算主槽时可考虑用_2 函数。

6.2 概化断面、概化水沙过程

概化断面(to generalize cross section)是根据面积相等的原则将天然河道的横断面概化成若干矩形断面,概化断面实际上只需要在断面上确定起点距即可。概化断面使用函数 GCS(*断面*,*自定义起点距*),其中*自定义起点距*是一区域,允许含有空白单元格,因此可以任意增删数据,函数返回概化断面(用于与实测断面套绘)及其各子断面宽度(见图 6-4,见图 6-5)。

12行4列	概化断面		
倒序号	起点距	高程	子断面宽
10	0	90.89055	
9	904	90.89055	904
8	904	92.30697	
7	2000	92.30697	1096

图 6-4　概化断面的计算结果(局部)

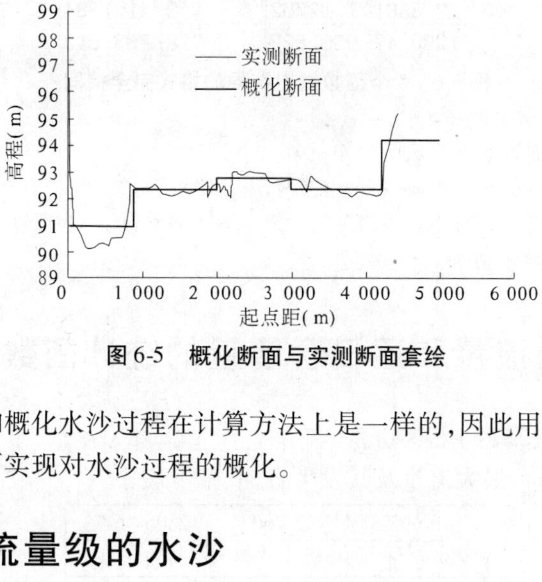

图 6-5　概化断面与实测断面套绘

由于概化断面和概化水沙过程在计算方法上是一样的,因此用一个时间序列代替上面的自定义起点距可实现对水沙过程的概化。

6.3 统计各流量级的水沙

要了解一个长系列的水沙、比较两个及其以上长系列的水沙时,仅用年平均值是不够的。统计比较流量级(Discharge stage)的水沙具有很好的代表性。

这里提供的工作表函数可以统计日平均各流量级的水量、沙量、出现的天数以及各级流量的水量、沙量占总量的百分数。

加载宏名称:统计各流量级的水沙。

函数名称、参数及其用法如表 6-2、图 6-6 所示。

表 6-2　统计各流量级的水沙宏函数一览表

函数名	函数说明
QStage (*日均流量数据区*, *日均输沙率数据区*[,*流量级*])	Qstage 计算根据*日均流量数据区*、*日均输沙率数据区*和[,*流量级*]进行计算。其中参数[,*流量级*]可以缺省,缺省时按流量级 0, 1 000 m^3/s, 1 500 m^3/s, 2 000 m^3/s, 3 000 m^3/s, 4 000 m^3/s, 5 000 m^3/s, 6 000 m^3/s, 7 000 m^3/s, 8 000 m^3/s, 10 000 m^3/s 计算

14行8列							
-Qstage	-Qstage-	W	Ws	Days	Scp	W %	Ws %
-0	0-1000	101.895	189.941	267	1864.08	7.95767	20.2146
-1000	1000-1500	135.838	112.487	127	828.097	10.6085	11.9715
-1500	1500-2000	134.309	96.1709	89	716.043	10.4891	10.2351
-2000	2000-3000	286.2	182.286	137	636.919	22.3512	19.4
-3000	3000-4000	216.32	122.501	71	566.294	16.8938	13.0372
-4000	4000-5000	159.434	90.32	41	566.504	12.4512	9.61237
-5000	5000-6000	154.613	101.572	33	656.943	12.0747	10.8099
-6000	6000-7000	43.3728	28.3565	8	653.785	3.38727	3.01786
-7000	7000-8000	13.0637	10.8346	2	829.365	1.02023	1.15308
-8000	8000-10000	8.05248	4.02624	1	500	0.62887	0.4285
>=1000	>=10000	27.3681	1.12752	2	41.1984	2.13735	0.12
Sum	Sum	1280.47	939.622	778	733.813	100	100

图 6-6　5 个函数输出结果的格式完全相同

图中：

14 行 8 列——应该覆盖的数组(或区域)的大小;

- Qstage——流量级,用于绘图; - Qstage - ——流量级,用于识别;

W、W_s、Days、Scp、W%和 W_s%分别代表各级流量的水量(亿 m^3)、沙量(亿 t)、出现的天数、平均含沙量、水量占总水量的百分数和沙量占总沙量的百分数。

6.4　基于逐日流量和逐日含沙量的统计函数

Function Wy(水文站名字, 年份)

返回日历年径流量、最大流量及其发生日期,带下表头。

211.992 3	2 760	2006- 6-25
年水量	最大流量	发生日期

Function Wsy(水文站名字,年份)

返回日历年输沙量、最大含沙量及其发生日期、最大输沙率及其发生日期。

4.075 509	296.031 75	2005-6-28	485	2005-7-5
年沙量	最大含沙量	发生日期	最大输沙率	发生日期

Function WWsUf(水文站名字,年份)

运用年非汛期(unflood period)径流量、输沙量。

例如，若年份为 1961，则所谓的运用年非汛期为 1960 年 11 月 ~ 1961 年 6 月 30 日。

返回带有下表头的水量和沙量(2 行 2 列的数组)。

75.697 632	1.317 614 7
汛期水量	汛期沙量

Function WWsf(水文站名字，年份)

汛期(flood period)径流量、输沙量。

例如，若年份为 1960，则所谓的运用年非汛期为 1960 年 7 月 1 日 ~ 1960 年 10 月 31 日之间。

返回带有下表头的水量和沙量(2 行 2 列的数组)。

135.830 736	5.887 2
汛期水量	汛期沙量

Function Wm(水文站名字，年份，月份)

给出水文站的名字和年月，计算得到径流量 W(亿 m^3)、最大流量、最大流量发生日期。

9.545 472	494	1960-1-5
月径流量	月最大流量	发生日期

Function Wsm(水文站名字，年份，月份)

给出水文站的名字和年月，计算得到该年月的沙量 W_s(亿 t)、月最高含沙量及其发生日期、月最大输沙率及其发生日期。

0.058 225	2	1960-1-31	504	1960-1-24
月沙量	月最高含沙量	发生日期	月最高输沙率	发生日期

Function QSQsd(水文站名字，时间列)

得到水文站的流量、含沙量和输沙率。与以上几个函数不同，Function QSQsd 返回的行数比时间列多一行，为表头。见下表的“输出部分”：

输入	输入	输出	输出	输出
		流量	含沙量	输沙率
花园口	1961-1-1	408	7.254 9	2.96
	1961-1-2	328	6.341 46	2.08
	1961-1-3	373	5.817 69	2.17

如果没有资料，会返回“无”字样。

		流量	含沙量	输沙率
孙口	2009-1-1	无	无	无
	2009-1-2	无	无	无
	2009-1-3	无	无	无
	2009-1-4	无	无	无
	2009-1-5	无	无	无
	2009-1-6	无	无	无

Function Wd(水文站名字，起讫日期 2 列)

给出水文站的名字和起讫日期，计算得到径流量 W 和最大流量。

Function Wsd(水文站名字，起讫日期 2 列)

给出水文站的名字和起讫日期，计算得到沙量 W_s 和最大输沙率。

Function Smaxd(水文站名字，起讫日期2列)

给出水文站的名字和起讫日期，计算得到该起讫日期之间的日均最大含沙量。

6.5 实时水情统计函数

WaterLevel T(水文站或水库名字，时间)

返回给定时间的水位或水库的瞬时水位(实时水情)。

RsvVolume T(水库名字，时间)

返回给定时间的水库的瞬时蓄水量(实时水情)。

FloodW(水文站名字，开始时间，结束时间)

计算水文站在开始时间和结束时间之间的径流量。经与黄河水文网上的汛期径流量比较，二者有0.5%～1.5%的差别。因此，不推荐用此函数作长时段计算。

目前仅限于实时水情的水位流量含沙量面积表。

FloodWs(水文站名字，开始时间，结束时间)

计算水文站在开始时间和结束时间之间的输沙量。计算方法：如果源数据系列有时间和含沙量而没有流量，则在时程上线性插值插补流量(为的是充分利用含沙量点据)；输沙量采用"输沙率面积包围法"进行计算，因此有流量而没有含沙量的点据因无法计算输沙率而不予考虑。

特别注意：如果两个含沙量点据之间相隔的时间太长，则期间的含沙量按0考虑。

目前仅限于实时水情的水位流量含沙量面积表。

Flood(水文站名字，开始时间，结束时间)

返回一个2行14列、并且表头在第二行的、水文站在开始时间和结束时间之间的输沙量等如下14项(如果没有统计到信息将返回提示)。①径流量；②输沙量；③最大流量；④发生时间；⑤相应水位；⑥相应含沙量；⑦最高水位；⑧发生时间；⑨相应流量；⑩相应含沙量；⑪最大含沙量；⑫发生时间；⑬相应流量；⑭相应水位。

Function RunoffD(水文站名字，开始日期，结束日期)

计算日平均的径流量。

Function SedimentD(水文站名字，开始日期，结束日期)

计算日平均的输沙量。

6.6 同流量水位计算

用水位变化判冲淤存在的问题

衡量河道冲淤的方法有断面法、沙量平衡法和同流量水位法。用同流量水位变化来判断冲淤比较简单、直观，因为它直接反映了河道过流能力的变化，所以被经常使用。

1986 年以前,黄河下游发生洪峰流量大于 4 000 m^3/s 的洪水较多,水位—流量关系曲线多表现为和冲淤一致的顺时针绳套曲线,但是用同流量水位的变化来反映河道冲淤是存在问题的,近年来黄河下游发生 4 000 m^3/s 以上的洪水很少,山东河段的水位—流量关系曲线常常是逆时针绳套曲线,并不表示河槽在洪水期发生了淤积,或者说同流量水位的抬高和降低并不意味着河槽肯定发生冲刷和淤积。

天然河流的洪水一般都是非恒定渐变流。为正确认识动床的同流量水位变化和河槽冲淤的关系,有必要说明定床时的水位—流量关系。

圣维南方程可以描述非恒定渐变流的运动,它由水流连续方程和水流动力方程组成。洪水波在河道比较顺直、没有区间加水和引水、断面比较匀整的河流中传播,属于渐变的不稳定流,圣维南方程可以简化为

$$J = \frac{Q^2}{K^2} + \frac{1}{g}\frac{\partial v}{\partial t} + \frac{v}{g}\frac{\partial v}{\partial x}$$

式中:J 为总比降;Q 为流量;K 为恒定均匀流的流量模数;g 为重力加速度;v 为洪水传播速度;t 为时间;x 为水流方向的坐标轴。

渐变流时,$\frac{v}{g}\frac{\partial v}{\partial x}$远小于阻力项$\frac{Q^2}{K^2}$,可忽略不计;对于平原河流中的洪水,$\frac{1}{g}\frac{\partial v}{\partial t}$的数值也可忽略不计。因此,运动方程简化为

$$J = \frac{Q^2}{K^2} \tag{6-1}$$

水面比降可以看做由三部分组成:河道纵比降、水深的沿程变化、洪水波运动引起的附加比降。其中,河道纵比降和水深的沿程变化以 J_c 表示,附加比降(ΔJ)定义为水流质点在纵向上上升的高度和同一时段内该质点在横向上运动的长度,等于水位的涨落率$\frac{\partial Z}{\partial t}$和洪水波的传播速度 U 的比值,即 $\Delta J = \frac{1}{U}\frac{\partial Z}{\partial t}$。因此,总比降 J 为

$$J = J_c + \frac{1}{U}\frac{\partial Z}{\partial t} \tag{6-2}$$

把式(6-2)代入式(6-1),整理得洪水涨落影响的流量公式为

$$Q = K\sqrt{J_c + \frac{\mathrm{d}Z}{U\mathrm{d}t}} = K\sqrt{J_c}\sqrt{1 + \frac{1}{J_c U}\frac{\mathrm{d}Z}{\mathrm{d}t}} \tag{6-3}$$

式中:$K\sqrt{J_c}$为稳定流的流量,以 Q_c 表示,则式(6-3)可写成

$$Q = Q_c\sqrt{1 + \frac{1}{J_c U}\frac{\mathrm{d}Z}{\mathrm{d}t}} \tag{6-4}$$

其中的$\sqrt{1 + \frac{1}{J_c U}\frac{\mathrm{d}Z}{\mathrm{d}t}}$称为校正因数,式(6-4)为受洪水涨落影响下的流量公式。

洪水上涨时,其涨落率为正,附加比降为正,从式(6-4)中可知涨水的校正因数大于1,因此其流量大于同水位的稳定流量。同理,落水时的涨落率为负,其流量小于同水位的稳定流流量。这样,一次洪水涨落过程的水位—流量关系曲线呈现为一逆时针绳套曲线。

洪水涨落影响时各水力因素极值的出现顺序依次为最大比降(最大涨率)、最大流速、最大流量、最高水位。但由于实际观测资料是不连续的,不能捕捉完整的水位—流量过程,往往测得的数据是最大流量对应的最高水位。

动床情况下,河道的水位—流量关系除受洪水涨落影响外,还受河槽冲淤影响。而洪水期河槽的冲淤还与洪水的涨落有关。

河床形态可以用水深和流速的关系来反映[1]。当河床处于沙纹区时,同样的水深,流速的变幅很大,为0.2 ~2 m/s;随着流速的增大,当处于动平整床面时,水深和流速的关系点群会出现一个拐点。对于黄河这样的粉细沙质的河床而言,在黄河下游艾山以下河段,对应这个拐点的流速是1.7 m/s,相应的流量约为1 500 m^3/s。在流速大到河床处于动平整状态时,洪水过程中的主河槽一般表现为涨冲落淤。

河床的冲淤与底沙的运动状况有关。已有的研究成果表明,其运动强度取决于作用在床面上的剪力或功率。当作用在床面上的剪力或功率逐渐增加,底沙的输移逐渐增强时河床产生冲刷,否则河床发生淤积。

从洪水过程线与相应作用在床面上的剪力或功率的变化可知,由于洪水流量随时间剧烈变化,水深、流速、比降发生了相应的调整,从而引起作用在床面上的剪力或功率在涨水期逐渐增强,在落水期逐渐减弱,因此造成了涨冲落淤。

文献[2]统计分析了美国和黄河的洪水期资料,实测资料显示,发生涨冲落淤的洪水,最小洪峰流量仅为1 560 m^3/s(北洛河1977年高含沙洪水),最大洪峰流量为22 300 m^3/s(花园口1958年洪水);最低含沙量为21.7 kg/m^3(黄河下游1983年7月洪水),最高含沙量为923 kg/m^3(北洛河1977年高含沙洪水);最小比降为0.57‱(渭河华阴),最大比降为6.3‱(渭河临潼)。但无论洪峰流量的大小,还是含沙量的高低,在比降相差10倍的情况下,河槽均可发生涨冲落淤现象;美国的圣米安河等4条河流与黄河河床发生的冲刷的水流条件基本相当,也存在涨冲落淤现象。当然,河势变化会导致河槽发生涨冲落淤之外的其他冲淤现象。

还有,大量的黄河实测资料显示,尽管洪水期河槽呈涨冲落淤,但绝大多数情况下,涨水期的冲刷多于落水期的淤积。一场洪水过后,河槽表现为净冲刷。

定床情形下,洪水期的水位—流量关系曲线是一个逆时针绳套曲线,动床时河槽对非恒定流的响应使得河槽表现为涨冲落淤。因此,动床情形下的水位—流量关系取决于以下两方面因素的强弱对比:①涨落水期附加比降的差异大小;②涨水期冲刷量和落水期淤积量的对比,或者说一场洪水的净冲淤量的大小。实测的大量洪水期资料显示,在上述两方面影响因素中,后者的影响通常不足以抵消前者的作用,因此虽然洪水期河槽是冲刷的,但表现在水位—流量关系曲线上仍是逆时针绳套曲线。

图6-7给出的是2002年调水调沙洪水期艾山水文站(均为基本断面上游50 m处实测)水位—流量关系、水位—面积关系以及流速—流量关系绳套曲线。图中标出了绳套曲线的走势。由图6-7可以看出:①水位—流量关系呈逆时针绳套曲线;②水位—面积关系曲线呈顺时针绳套曲线;③流速—流量关系曲线呈顺时针绳套曲线。水位—面积关系曲线呈顺时针绳套曲线说明相同水位下的河槽面积增加,河槽发生了冲刷,例如高程

40.5 m下的过水面积由峰前的800 m^2 增加到峰后的1 000 m^2，说明洪水期间断面确实发生了冲刷。文献[3]的分析也表明，2002 年调水调沙洪水期间，平均含沙量沿程增大，黄河下游各河段均发生冲刷。

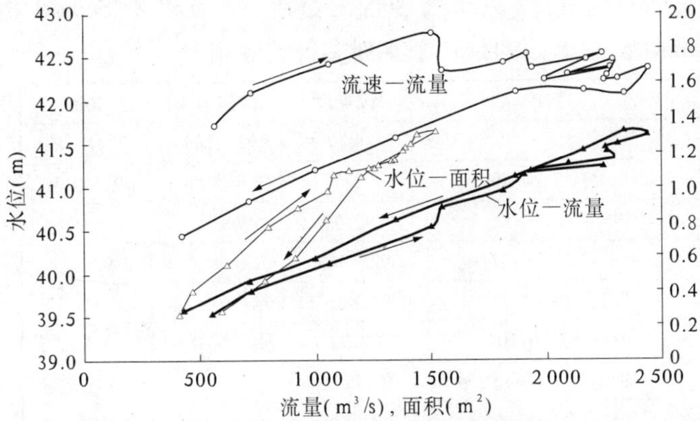

图 6-7　艾山站洪水要素绳套曲线

可见，冲淤是影响水位的一部分原因，而不是全部原因。广义地说，天然河流的洪水都是非恒定流，这导致了洪水涨落水期流速不同，进而使得涨落水期的同流量水位不同。这说明，一场洪水前后的同流量水位变化不能反映该场洪水的冲淤，因此洪水期同流量水位抬升，并不意味着河槽发生淤积；水位—流量关系曲线呈顺时针绳套曲线并不意味着河槽发生了涨淤落冲；水位—流量关系曲线呈逆时针绳套曲线也不意味着河槽发生了涨冲落淤。近年来，黄河下游经常发生的洪水较小，情况尤其如此。洪水期同流量水位抬升，是因为洪水落水期的流速要远小于涨水期的流速，尽管河槽发生了冲刷，但由于面积的增加不足以抵消落水期流速减小的影响，从而使水位流量关系曲线呈逆时针绳套曲线。在推流和整编水文资料时，必须区别对待涨水期和落水期。

ZOfSameQ(时间列，水位列，流量列，同流量)

计算同流量水位过程。其中前 3 个参数描述水位和流量过程线，应该是单元格；参数“同流量”。

计算同流量水位的函数如图 6-8 所示。

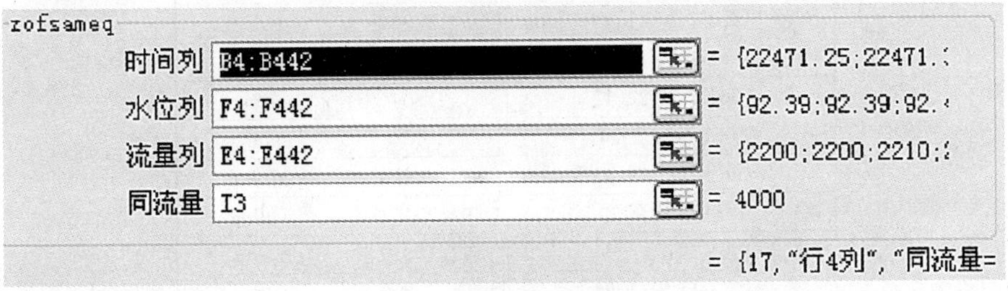

图 6-8

返回如图 6-9 所示。

参考　ZOfSameQ2(时间列，水位列，流量列，同流量)。

ZOfSameQ2(时间列，水位列，流量列，同流量)

计算同流量水位过程,包含描述水势的信息(涨,rising;落,falling)。其中,前3个参数描述水位和流量过程线,应该是单元格;参数"同流量"为要计算水位的流量,可以是单元格,也可以是一个常数。它返回3列多行的数组,结果和ZofSameQ相近但不同(见图6-10),而ZofSameQ函数返回的是一个4列多行的数组。

17	行4列	同流量=	4000
时间	水位	开始时间=	22479.83
1961-7-17 20:00	92.77	结束时间=	22594.9
1961-7-18 6:00	92.77	时段长=	115.0714
1961-7-18 21:27	92.79636	开始水位=	92.77
1961-7-19 18:34	92.82571	结束水位=	92.03714
1961-7-22 6:10	92.737	水位变化=	-0.73286
1961-7-24 11:15	92.80357	0	0
1961-7-24 13:48	92.804	0	0
1961-7-25 22:12	92.804	0	0
1961-7-27 2:24	92.708	0	0
1961-7-27 15:42	92.70714	0	0
1961-7-28 9:29	92.70667	0	0
1961-10-18 3:34	92.30579	0	0
1961-11-8 14:58	91.74706	0	0
1961-11-9 19:30	92.035	0	0
1961-11-9 21:42	92.03714	0	0

图6-9

17行3列	水位变化=	-0.73286
时间	水位	水势
1961-7-17 20:00	92.77	rising
1961-7-18 6:00	92.77	rising
1961-7-18 21:27	92.79636	falling
1961-7-19 18:34	92.82571	rising
1961-7-22 6:10	92.737	falling
1961-7-24 11:15	92.80357	rising
1961-7-24 13:48	92.804	falling
1961-7-25 22:12	92.804	rising
1961-7-27 2:24	92.708	falling
1961-7-27 15:42	92.70714	rising
1961-7-28 9:29	92.70667	falling
1961-10-18 3:34	92.30579	rising
1961-11-8 14:58	91.74706	falling
1961-11-9 19:30	92.035	rising
1961-11-9 21:42	92.03714	falling

图6-10

参考 ZOfSameQ(时间列，水位列，流量列，同流量)。

Function ZOfSameQFld(时间列，水位列，流量列，起讫时间 2 列，同流量)

计算一场洪水洪峰前后的的同流量水位变化。

返回一个 6 列、和“起讫时间 2 列”的数组。6 列分别是峰前水位、发生时间，最高水位、发生时间，峰后水位、发生时间。

峰前水位	发生时间	最高水位	发生时间	峰后水位	发生时间
92.68	1961-7-16 18:00	92.92	1961-7-20 20:00	92.482	1961-7-31 23:49
92.31138	1961-10-14 18:26	92.81	1961-10-20 6:00	91.55409	1961-11-12 12:10

注意:这个函数调用了工作表函数 ZOfSameQ2 的功能。

参考 ZOfSameQ2(时间列，水位列，流量列，同流量)。

6.7 线性插值

6.7.1 数值的线性插值

这是一个简单但很有用的工作表函数。

假如有一条库容曲线数据:高程及其库容。如果要求据此曲线查某一水位的库容,用函数 xyxy()就很简单。再例如,在过流能力分析计算中,已知流量一面积关系 $Q \sim A$ 和面积一高程关系 $A \sim Z$,要得到 $Q \sim Z$ 关系,这时候是根据一系列的面积数据在 $A \sim Z$ 曲线上查 Z,用函数 xyxy()就很简单(见图 6-11)。

1					内插	允许外插
2	已知x	已知y		X	Y	Y
3	134	32		133	Out of range	-22.6667
4	140	360		141	554	554
5	150	2300		147	1718	1718
6	160	5190		153	3167	3167
7	165	6445		159	4901	4901
8	170	7350		165	6445	6445
9	180	8520		171	7467	7467
10	185	9020		177	8169	8169
11	190	9530		190.1	9539.6	9539.6
12	195	10010		310	Out of range	20598

Sheet1 / Sheet2 / Sheet3

图 6-11　线性插值函数 xyxy()的用法

加载宏:线性插值

函数:xyxy(*已知x*, *已知y*, *由x*, *是否外插*)

其中参数*已知x*、*已知y* 分别是已知曲线数据的 x 和 y 区域,根据由 x 查得对应的数组 y。参数*是否外插*缺省时为 0 不外插(这时如果不能内插宏函数将给出提示);参数*是否外插*缺省为 1 时将视具体情况进行外插。

6.7.2 字符串的线性插值

"曲线 x"是一列单元格,"曲线 y"与之对应。

根据"曲线 x"和"曲线 y"的对应关系,找到"已知 x"对应的 y。上述的 3 个参数单元格区域的值是针对"是字符串"来设计的,因此也适用于源数据是数值的情况。

6.8 其他工作表函数

加载宏名:处理高程数据

函数:ZZ(录入的数据)

将矩形区域转换成一列。

CONEC(区域)

《水文年鉴》刊印的高程数据常常适当省略整数部分,完全可以直接录入,然后用这个简单的 Excel 宏函数对其处理即可。函数将选定区域逐列地转换成一列。

Function XLDCSDist(Optional 断面名字可缺省)

返回断面的位置:干流断面距离小浪底大坝的距离,单位 km;支流断面距离沟口的距离,单位 km。

断面名字示例:黄河 1、黄河 01、hh1、HH1、hh01、HH01。即其中的河流名字可以是汉字也可以是字母(字母不区分大小写);序号可以是 1 位,也可以是 2 位。

缺省断面名字时,显示一个帮助。

RangeAddress(单元格区域)

返回"单元格区域"的单元格地址。返回值如 Sheet! a1:b23。

这个函数的返回值可以作为"河流横断面分析计算"中大断面类函数的"大断面单元格区域"的参数使用。

Function LinEst2(x, y)

返回线性回归的:常数项、和自变量顺序相应的自变量的系数。

由于没有返回相关系数,这是这个函数的不足之处。

QbZQZQZ(滩唇高程, 当年 QZ, 漫滩年份 QZ 可缺省,points 缺省为 3)

根据滩唇高程和水位—流量关系推算平滩流量:

(1)漫滩年份的水位流量关系缺省时,完全用当年的水位—流量关系。

如果当年最高水位高于滩唇高程,则用滩唇高程在水位—流量关系曲线上直接查得平滩流量。

如果滩唇高程高于当年的最高水位,则根据当年水位—流量关系最后高水部分的几个点据的变化趋势外延得到滩唇高程。

points 为外延高水部分的水位—流量关系要使用的点据个数,缺省为 3。points 过多过少都不好。

(2)如果提供了漫滩年份的水位—流量关系,则高水部分采用借用(嫁接)漫滩年份的水位—流量关系得到一条水位—流量关系曲线,据此推算平滩流量。

根据滩唇高程和水位—流量关系计算没有漫滩年份的平滩流量。未漫滩年份的最高水位未达到滩唇高程,本函数借用漫滩年份的水位—流量关系,通过将其“嫁接”到未漫滩年份的水位—流量关系曲线上面,从而得到平滩流量。

显然,这种“嫁接”并不能保证总是能够得到平滩流量,因为延长后的水位—流量关系可能仍然没有达到滩唇高程,这是函数会返回诸如如下错误信息(例如需借用 1997 年的平滩流量而借用了 1998 年的时候):

无法计算—要查平滩流量的水位比漫滩年份水位—流量关系的最后一个水位高:63.585 >63.4。

当然,程序还能够拦截其他错误,如要查算的水位比漫滩年份的水位流量关系的第一个水位数据小的情况。

注意:程序并不要求水位—流量关系系列是单调增加的(这和线性插值程序不一样);数据含有字符串会导致错误发生。

Function SPS(系列 As Range,[*最小值*],[*最大值*])

将给定的“系列”作为分割点,生成一个长度是原来的 3 倍的新系列,这个新系列粘贴到图表上后会直观地显示分割信息(Split Ponits Series),如图 6-12 所示。可以通过指定最小值和最大值来确定显示的垂直位置和高度。参数最小值和最大值可缺省,默认分别为 0 和 5 000。

图 6-12

Tpeak2(时间列, 流量列, 水位列, 含沙量列, 开始和结束时间 2 列)

计算给定的时间范围内,最大流量及其发生日期、对应水位和流量。

图 6-13 中,前面的 4 个参数“时间列, 流量列, 水位列, 含沙量列”是描述洪水过程的每个一列的、一一对应的单元格区域,共 4 列。

参数“开始时间和结束时间”2 列是描述洪峰时段开始时间和结束时间的单元格区域,是一个 2 列的单元格区域。

返回一个 4 列的数组,数组的行数和参数与“开始时间和结束时间”2 列一致。

输入	输入	输入	输入	
时间	流量	水位	插值含沙量	含沙量
1957-7-9 16:00	580	92.19		
1957-7-9 18:00	593	92.2	9.5	9.5
1957-7-10 0:00	775	92.33	16.3	16.3
1957-7-10 1:00	860	92.37	18.1379747	
1957-7-10 4:00	1060	92.45	23.6518987	
1957-7-10 6:35	1190	92.5	28.4	28.4
1957-7-10 8:00	1240	92.52	23	23
1957-7-10 12:00	1320	92.55	15.8	15.8
1957-7-10 16:00	1480	92.59	16.5	16.5
1957-7-10 17:00	1510	92.58	15.4666667	
1957-7-10 19:00	1420	92.58	13.4	13.4
1957-7-10 20:00	1500	92.57	14.08	
1957-7-11 0:00	1440	92.55	16.8	16.8
1957-7-11 0:18	1440	92.55	16.8	16.8
1957-7-11 1:00	1410	92.54	16.5914894	
1957-7-11 3:00	1510	92.57	15.9957447	
1957-7-11 5:00	1510	92.57	15.4	15.4
1957-7-11 6:00	1550	92.58	15.25	
1957-7-11 7:00	1510	92.57	15.1	
1957-7-11 11:00	1470	92.56	14.5	
1957-7-11 13:00	1500	92.57	14.2	14.2
1957-7-11 17:00	1510	92.57	18.4	18.4
1957-7-12 0:00	1280	92.49	21.4208817	
1957-7-12 0:11	1180	92.45	21.5	21.5
1957-7-12 8:00	1140	92.44	11.4	11.4
1957-7-12 19:00	1190	92.46	11.9	11.9
1957-7-13 8:00	1220	92.47	14.8	14.8
1957-7-13 18:00	1180	92.45	9.64	9.64
1957-7-14 0:00	1160	92.44	14.3373262	
1957-7-14 6:28	1260	92.49	19.4	19.4
1957-7-14 8:00	1380	92.53	17.1554217	
1957-7-14 12:00	1620	92.6	11.3	11.3
1957-7-14 14:00	1730	92.63	20.5	20.5
1957-7-14 16:00	1810	92.65	26	26
1957-7-14 17:00	1850	92.66	21.9	21.9
1957-7-15 0:00	2180	92.73	18.2	18.2

输入：时段划分		输出4列				
开始年月日	结束时间	历时	最大流量	发生时间	对应水位	对应含沙量
1957-7-15	1957-7-30	16	13000	21020.54167	93.43	46.1
1957-8-27	1957-9-3	8	-9999	0	0	0
1958-7-6	1958-7-10	5	7920	21373.5	93.32	55.9
1958-7-14	1958-7-24	11	22300	21384	94.37	96.6
1958-7-25	1958-7-28	4	7130	21392.70833	92.61	54.497345
1958-7-29	1958-8-2	5	7370	21397.77083	92.84	159.03509
1958-8-3	1958-8-7	5	8510	21401.79167	93.04	108.60553
1958-8-12	1958-8-17	6	-9999	0	0	0
1958-8-20	1958-8-31	12	-9999	0	0	0
1958-9-2	1958-9-15	14	-9999	0	0	0
1958-10-13	1958-10-20	8	-9999	0	0	0
1959-7-8	1959-7-14	7	-9999	0	0	0
1959-7-18	1959-7-21	4	3730	21750.375	92.75	59.8
1959-7-22	1959-7-27	6	6330	21755.08333	93.19	82.41771
1959-8-1	1959-8-4	4	4140	21765.29167	92.69	48.3
1959-8-5	1959-8-12	8	7680	21770.70833	93.1	175
1959-8-13	1959-8-17	5	3810	21777	92.59	63
1959-8-18	1959-8-24	7	9480	21785	93.36	223.91667
1959-8-25	1959-8-28	4	7280	21789.16667	92.96	83.133333
1959-8-29	1959-9-4	7	5520	21793.16667	92.69	92.855556
1959-9-5	1959-9-11	7	3240	21798.41667	92.48	49.46

图 6-13

InRange(Range1 As Range Range2 As Range)

检查单元格区域 Range1 的每个单元格是不是在单元格区 Range1 中出现过。

返回数组:一个和 Range1 等高的一列。

如果存在,返回“存在”;如果不存在,返回 0。

可以通过特殊定位来删除或保留存在和不存在的行或列。

Function ColorIndex(单元格 As Range)

返回单元格的字体的颜色编号。

注意:这是个易失性函数。

Function ColorIndexInterior(单元格 As Range)

返回单元格的填充色的颜色编号。

注意:这是个易失性函数。

SStar(流速, 含沙量 kg/m^3, 水深 m, 清水沉速 cm/s, 悬沙中径 mm, 床沙中径 mm _,Optional 清水卡门默认点 4 = 0.4, Optional 容重影响为 1 = 1)

按照张红武挟沙力公式,计算水流的挟沙力。返回一个 1 行 2 列的数组,分别为挟沙力计算结果和一个提示。

6.9 工作表函数常见错情及其处理

工作表函数常见错情及其处理如表 6-3。

表 6-3　工作表函数常见错情及其处理

加载宏	显示	错情	处理
所有加载宏	#NAMES?	Excel 找不到函数。如果你确实没有拼写错误，则肯定是没有加载相应的加载宏	加载相应的加载宏
	#VALUES	宏函数在计算过程中发生错误而中断，从而无法返回计算结果	检查所给的参数是否不合理。例如，参数应该是单元格，而你提供的却是区域。也可能是提供的参数太多或太少
河流横断面分析计算	起点距错：***	你的大断面的数据源的起点距应该是一个递增的序列，其中含有反常的数据	按照提示的错误信息更正错误
	无法计算：Z 太高，可考虑使用_2 函数	你使用了"河流横断面分析计算"加载宏中的Ⅰ类函数，如果你确实要计算Ⅰ类情形，说明你给定的高程数据太大	视具体情况： 1. 输入合理的高程数据。 2. 编辑公式，在函数名字后加上后缀 2（如果你想计算Ⅱ类情形）
线性插值	Out of range	内插计算时，越出上下限	如果数据无错，视需要可考虑使用外插
统计各级流量的水沙	发现流量和输沙率数据不匹配	在你覆盖的数据区域中，流量是空白的，对应的输沙率也应该是空白才对，然而宏函数发现流量或输沙率区域中一方有数据而另一方对应为空白	检查并更正数据 警告：如果不更正数据宏函数将把空白作为 0 处理
	发现区域形状不同	使用 QSTAGE4 函数计算时，要求流量和输沙率区域的行数和列数要分别相等，而你输入的不是这样	编辑或重新输入公式，确保流量和输沙率数据区域的行列数相同

第 7 章　辅助分析工具

辅助分析工具完全针对 Excel 数据表和图表操作，和数据库没有关系。这种不和数据库“直接挂钩”的设计策略是基于 Excel 的河流水沙科学分析系统的一个非常好的做法，它既然可以分析 Excel 数据，那么也可以将数据库中的信息导入到 Excel 中进行分析。

7.1　插入图表集

“插入图表集”就是图表的批量生成和套汇。将要作图的数据整理成等宽的（即列数相同的）、带有系列名称的整齐的格式（通常这很容易做到），将活动单元格放到第一个系列的第一个单元格上面，执行“插入图表集”见图 7-1。

根据实际需要，图表套汇一般不外乎如下三种情形：①一个系列一张图表，例如黄河下游 2008 年汛后的大断面作图；②将多个系列套汇到一个图表中，例如将花园口大断面小浪底水库运用以来的全部断面套汇在一张图表中；③将两批断面逐一分别套汇，例如将 2008 年黄河下游汛前和汛后 373 对断面全部套汇，生成 373 张图表；④滑动套汇。

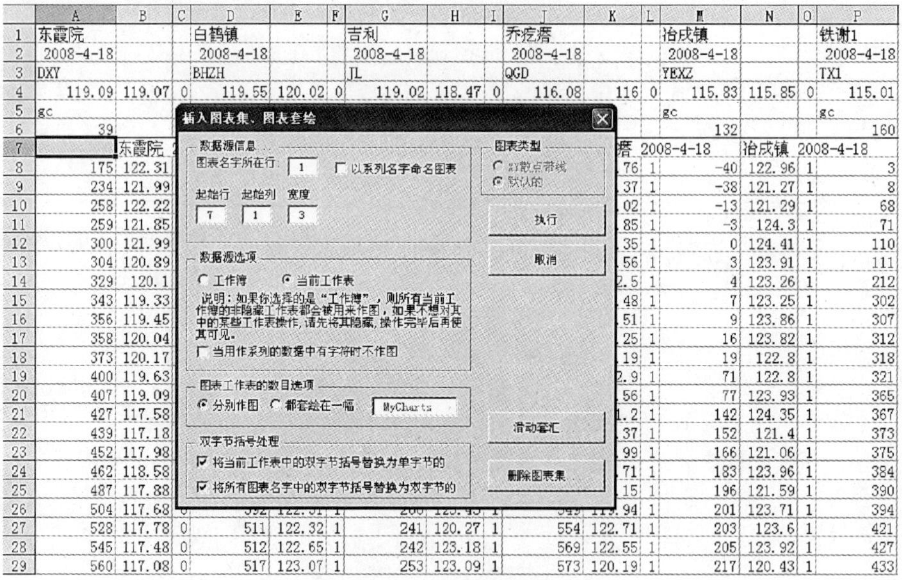

图 7-1　插入图表集

7.2　用图表辅助工具实现可视计算

图表辅助工具（见图 7-2）提供了包括河流横断面的可视计算手段。使用图表辅助工具之前，先用“插入图表集”生成一系列图表，每个图表可能只有一个系列（一个横断面），也可能含有多个系列(几个横断面的套汇)。之后,可以进行如下处理。

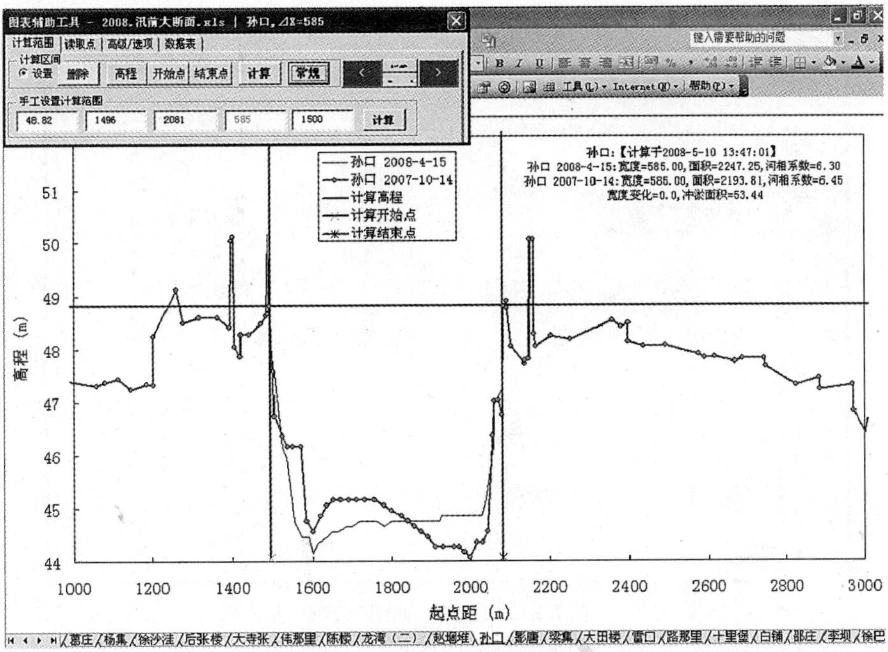

图 7-2 图表辅助工具

7.2.1 大断面可视计算

仅仅通过简单地在套汇的图表上适当位置的数据点上点击一次,然后点击“图表辅助工具”的“计算范围”选项卡上的“计算高程”、“计算开始点”或“计算结束点”,只需点击鼠标三次即可选定计算的主槽范围(也可以手工选定要计算的范围)。最后,按“计算”,程序将计算的结果立刻显示在当前图表上。输出的项目包括系列的名字、断面的宽度、断面的面积和河相系数。程序会自动判断系列的数目,如果是两个系列,将计算断面的冲淤。在用户按下“计算”的同时,还将在一个名字为“Result”的图表上显示包括划分信息在内的更多的计算结果,包括每个系列对应断面的面积、宽度、最大深度、河相系数、湿周、标称流量、标称流速、等面积高程、单元格地址、最深点高程和最深点起点距等。

程序在计算上述指标的同时还计算了等面积高程。用等面积高程来衡量一个断面的冲淤,就如同用同流量水位变化来衡量一个断面的排洪能力变化一样,是一个计算断面冲淤的途径。当等面积高程计算出来以后,可以计算等面积的宽度、河相系数、标称流量等指标,从而可以更科学地衡量多个断面的形态差异。而以往在衡量断面形态的时候,不考虑断面面积的大小,这样做是非常粗糙的。

可以随时启动图表辅助工具,不管当前是图表、工作表还是数据表。图表辅助工具在启动时会检查环境,如果是“Result”工作表,会切换到“高级/选项”选项卡(见图7-3),以备用户选择“用工作表信息为图表赋值”(见图7-4)等功能。如果是图表,则是默认的“计算范围”选项卡,这时候,如果图表没有划分信息,你可以为其添加;如果图表有划分信息，则可以编辑修改。

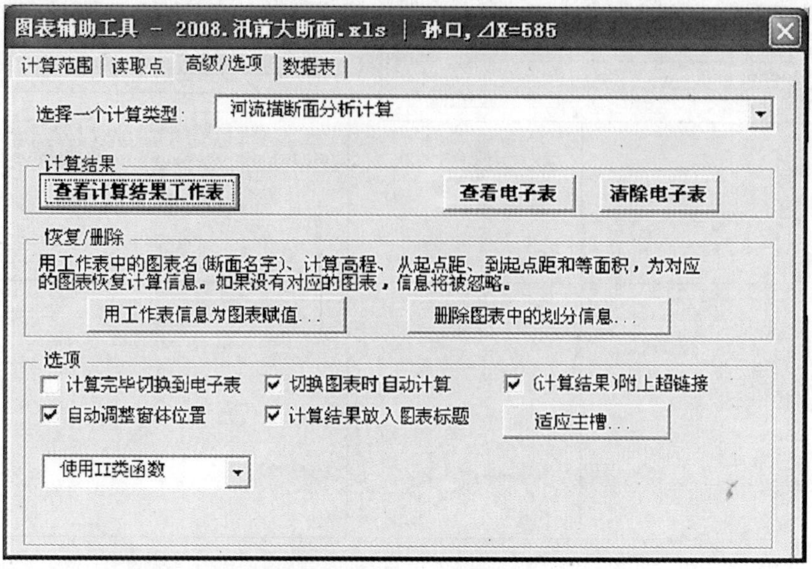

图 7-3　图表辅助工具的“高级/选项”选项卡

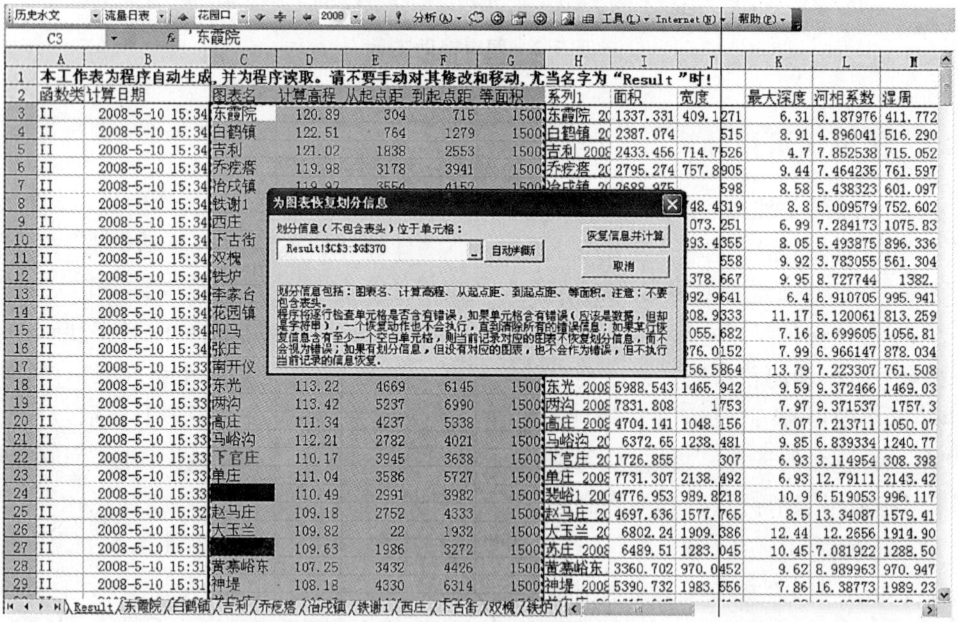

图 7-4　用工作表信息为图表赋值

只要你是按下“图表辅助工具”的左右移动键切换图表的，计算结果都会自动更新。计算完全部工作表，程序停止运行。

7.2.2　为已经套汇的图表恢复划分信息

工作表“Result”保存的划分信息允许用户再修改(包括修改数据、删除部分行或增加部分行)，之后可以运行“高级/选项”选项卡的“为图表恢复信息”来将这些划分信息成批地、自动地画在对应的图表上。可以选择恢复全部还是部分。在恢复划分信息时，每个图表会自动一一切换，图表及“Result”中的计算结果会自动重算。为区分新旧计算结果，系统为计算结果打上了日期戳 —— 这在每张图表和“Result”中都能够看到。

黄河下游河道大断面一个测次有373个，如果是多个测次套汇，计算一遍将耗用数分钟的时间。系统提供了中断操作的机制，在“为图表恢复划分信息”窗体，单击“取消”以中断程序运行。

图7-5为图表自动赋值的结果。

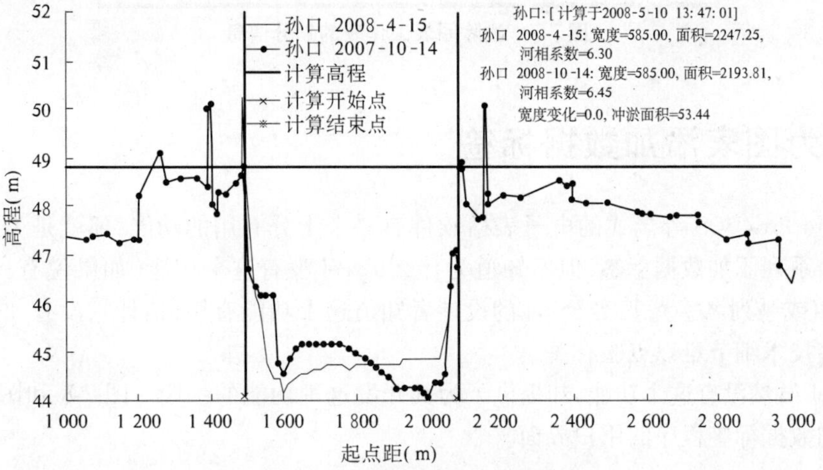

图7-5 为图表自动赋值的结果

7.2.3 自动适应主槽

黄河下游河道的大断面有很多断面宽达数千米，但冲淤仅发生、多发生在宽度仅600～1 000 m的主槽，甚至深槽。按下“自动适应主槽”(见图7-6)，“自动适应主槽”对话框弹出，可以选择主槽两边的多余宽度。

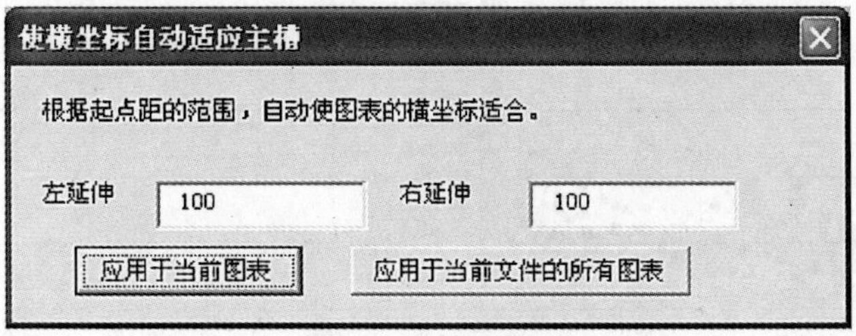

图7-6 适应主槽

7.2.4 删除图表中的划分信息

显然可以手动删除图表工作表的划分信息，但在图表很多时效率很低。“删除图表工作表的划分信息”(见图7-7)可以几乎在一瞬间删除数百张图表的划分信息。允许用户选择是否避开隐藏的或当前工作表。

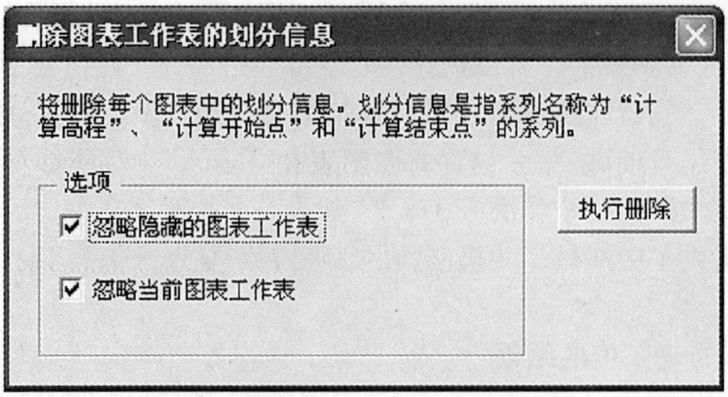

图 7-7　删除图表工作表的划分信息

7.3　为图表添加数据标签

Quttro Pro/DOS 等老式的电子表格软件有一个十分有用的功能,那就是为图表中的任何一个系列添加数据标签,但不知道为什么 Excel 没有这个功能(如果说有,只是添加 X 值、Y 值或系列名字),其实 Excel 的设计者知道这个功能有用,估计它没有加上这个功能和某些技术细节难以克服有关。

Excel 虽然没有这个功能,却提供了为其开发这种功能的手段。图 7-8 和图 7-9 是为系列添加数据标签程序的用户界面。

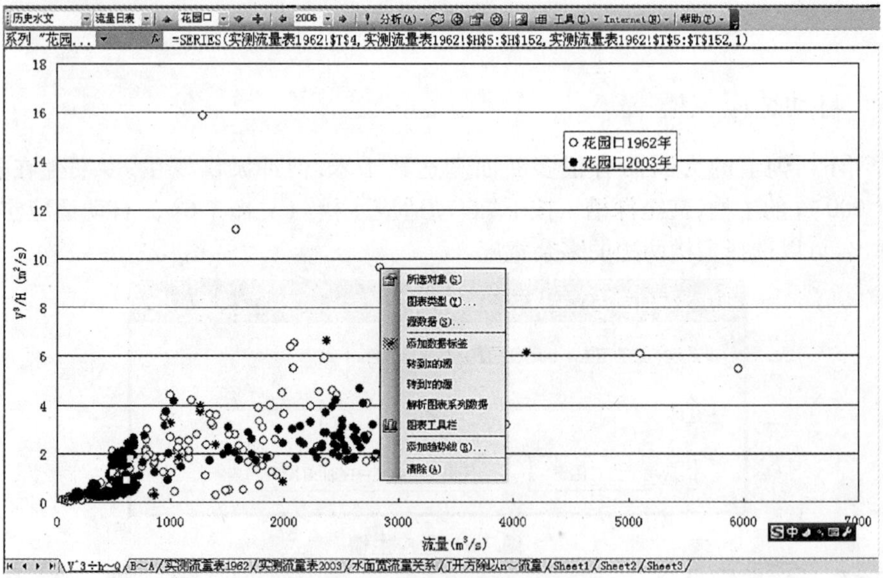

图 7-8　图表的快捷菜单

这个功能在数据资料中非常有用。但需要注意,由于不是 Excel 的内置功能,被添加的数据标签没有记忆引用的单元格地址的功能,也就不会产生相应工作表的“CHANGE”事件。

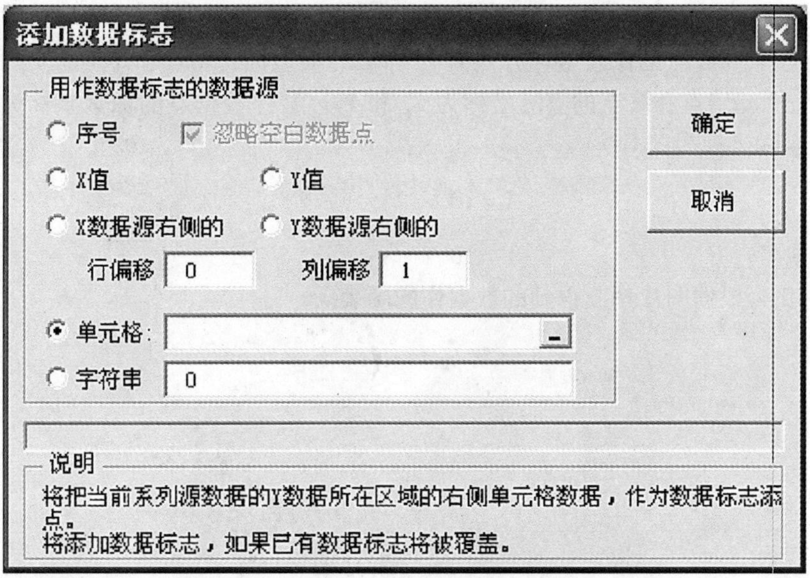

图 7-9　为图表系列添加数据标签的窗体

7.4　判读图片式图表数据

在撰写论文的时候，我们经常要使用以往的资料，并且这些资料是以图片式图表而不是数字的形式存在。鉴于下列原因，很有必要将图片中的数据读出：①用这些点据重新在电子表格软件中作图，以得到清晰的、可以完全满足计算机排版要求的效果；②用这些点据重新在电子表格软件中作图，并添加新的资料，以便和前人的数据或历史数据对比或延伸。有时候这些点据可能很多，甚至这些图片式图表数据是点绘在对数图上的，直接在图上读取这些数据很慢，精确度常常难以保证，甚至发生错误。

而如果利用电子表格软件 Excel 的二次开发功能和进行一些并不复杂的数据转换，就可以将这些图片式图表中的数据快速、简便、准确地数字化。

首先，用扫描仪将图片扫描并存储为 jpg 格式的文件，然后按照下列两步即可得到想要的数据：

(1)获得像素坐标。

VBA(Visual Basic for Application)的窗体(Form)是一个可视对象。它的 Picture 属性将会令扫描的图片加载为窗体的背景图片；窗体的 PictureSizeMode 属性取值 fmPictureSizeModeStretch，为的是让图片刚好充满窗体。

用鼠标单击图片中每个数据点的中心，则窗体的 MouseDown 事件会返回鼠标所在位置的像素坐标 x 和 y。其中的 x 为从窗体的最左侧算起的像素点，y 为从窗体的最上点算起的像素点。对窗体的 MouseDown 编程，将每个数据点的像素坐标收集到 Excel 的工作表，以备下面的计算。

(2)计算得到实际数据。

如果是双对数图表。假设图表中横坐标起点的像素坐标为 x_1，横坐标终点的坐标为 x_2；纵坐标起点和终点的像素坐标分别为 y_1 和 y_2。横坐标起始点和终点的实际坐标为 X_1 和 X_2；纵坐标起始点和终点的实际坐标为 Y_1 和 Y_2。某一数据点的像素坐标为 (x,y)，则像素点的实际坐标为：

$$X = 10^{(x-x_1)\frac{\lg X_2 - \lg X_1}{x_2 - x_1} + \lg X_1}$$

$$Y = 10^{(y_1-y)\frac{\lg Y_2 - \lg Y_1}{y_1 - y_2} + \lg Y_1}$$

图 7-10 为根据图片判读得到的数据作的图表。

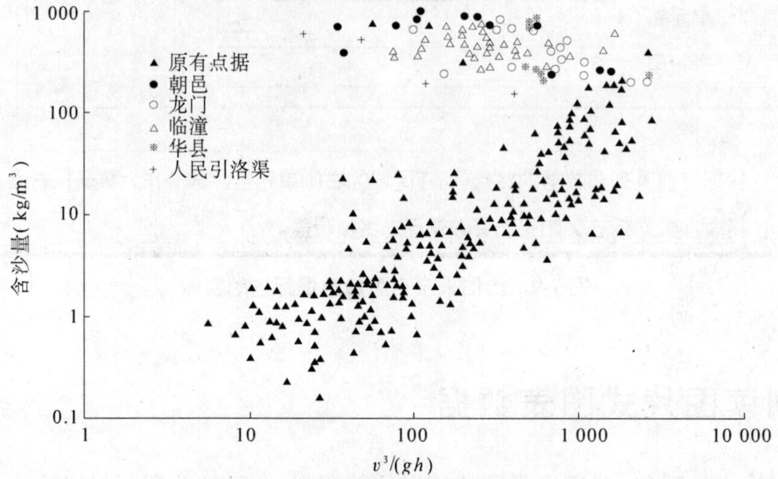

图 7-10　根据图片判读数据制作的图表

第8章　水文学数学模型

数学模型是水沙科学分析研究的重要手段,其中概念相对简单的水文学数学模型占有重要地位。在资料有误差、理论不成熟的条件下,针对到底是复杂的模型好还是简单的模型好这个问题,国际著名水文专家奥唐乃尔就世界上数百种水文模型3次对比计算结果曾经谈到过:目前的水文模型有几百种,有的很复杂,但复杂的并不一定就好……应该以简单实用为目的。对于黄河的问题同样如此,因为水力学和泥沙理论中没有解决的问题还很多,实际情况非常复杂,河床演变还有许多难以预测的随机性,水文测验有误差等。目前的水动力学数学模型的发展已经到了再前进一步都非常困难的地步(清华大学王兆印),我们认为被有的人称为“经验模型”的水文学数学模型是有生命力的,当前对水文学数学模型存在轻视和偏见,作者认为这是不应该的。

8.1　黄河泥沙数学模拟存在的主要难点

8.1.1　挟沙力问题

挟沙力公式的形式很多,不下20种,从理论上可分为能量平衡、最小功率、最小能耗、统计理论和切应力法等[4]。而且,对于挟沙力是否能够用一个公式表达也有人提出异议。究竟哪一种理论能够确切反映高低含水水流的内在规律,目前尚缺乏统一的认识。由于影响挟沙力的因素非常复杂,迄今还没有得到满意的结果,各种理论观点和公式五花八门,说明了人们认识上的混乱,对挟沙机理的认识还远未搞清,理论上还很需要不断探索。

8.1.2　实测资料的漏测误差

实测资料误差也是影响数学模型精度的原因之一。例如,黄河下游用输沙量法(沙量平衡法)和断面法测得的沙量相差很大[5],输沙量法由于测验方法及漏测底沙等问题,带来了很大的系统误差,以至于在率定模型时都改用断面法,这样相临两次断面之间的水沙过程模拟得是否正确就没有实测资料与之比较了。沙量的系统误差可通过断面法得到纠正,水量的误差则不容易纠正,它也会影响模型的可靠性和精度。

8.1.3　缺少模型需要的资料

有些模型所必需的资料根本就没有实测的。例如,黄河下游特别是游荡性河段,模型必需的滩槽水沙交换资料就没有实测的,模型在计算时又必需这些资料;大断面间距过大也是一个不容忽视的问题。黄河下游河道从白鹤镇到河口,共有300多个大断面,这些大断面的间距大于5 km、2 km和1 km的分别占21%、68%和81%,其中有11个大断面的间距超过 10 km，最大的达到 15.34 km。黄河下游横断面复杂多变，用大断面反映河道的地形条件实际上是无法满足水动力学模型的要求的，断面概化的代表性要大打折扣，引起累积误差是必然的。

8.1.4　河势摆动等随机现象的模拟

作者曾分析过黄河下游花园口站洪水过程与主槽摆动的关系，发现洪水期主槽摆动的方向和幅度与流量的大小没有关系，或者说主槽的摆动是随机的。而花园口站所处的还不是游荡摆动最剧烈的河段；为了模拟河道的摆动，有人认为是过度冲刷使边坡失稳从而引起河势摆动，并将其反映到水动力学模型中。然而这种做法带有片面性，因为河道的摆动常常不是因为边坡失稳造成的，而是由于河道有多股流路，大洪水期由于某些难以确切知道的随机因素的作用，主流从上游沿原来是次流的流路流动，并逐渐加强，这种此消彼涨的结果就是我们所说的“河势摆动了”。这种随机因素引起的河势摆动，不仅一维水动力学模型无法模拟，二维模型同样难以模拟。

8.1.5　模型所采用的计算方法

应用数学的发展水平和实际问题的复杂性使得很多模型都不能得到方程的解析解，只能得到近似的数值解。采用的方法有有限差分法、有限元法、特征线法、有限解析法和边界元法等，在物理模式完全相同的条件下，采用不同的近似方法得到的计算结果不完全一样[6]。

8.2　小浪底水库泥沙多年调节数学模型

8.2.1　泥沙多年调节的主导思想

大量的研究成果表明：①黄河下游的河南河道淤积的主要原因是河槽宽浅；②山东河道淤积主要是小水期挟沙造成的；③窄深型河槽在流量较大时能够输送高含沙水流入海而河道淤积甚微，或者说高含沙洪水期间河道淤积主要发生在边滩。因此，从拦沙减淤思路出发，希望能充分发挥拦沙库容的作用，使有限的拦沙库容拦截更多的“粗沙”，使下游河道减淤效果最好。若从调沙减淤途径出发，即把小水挟带的泥沙尽量调节到洪水期，利用洪水期下游河道输沙能力大、能塑造窄深河道、粗泥沙也能顺利输送、窄深河道存在着“多来多排”的输沙特性等，可多输沙入海。

若减淤是水库开发的主要任务，则能够利用洪水输送的泥沙就没有必要拦在水库里，充分利用河道输沙潜力输沙是合理拦沙的基础，为此小浪底水库只要拦截淤坏河道的小水挟带的泥沙就可以达到较好的减淤目的。保持拦沙库容似乎不是目的。只有增大调沙库容、合理调沙，黄河下游河道减淤才有出路。

从此要求出发，如“八五”攻关研究结果表明，泄空水位越低，水库的调沙能力越强（调沙库容大，冲刷效率高），下游河道的减淤效果越好，输沙用水越节省，水库具有较大的调沙库容将起着关键作用。目前，在最低泄空水位已经确定的情况下，则水库前期淤积量越大,水库的调沙作用应更好些。泥沙多年调节的目的是利用洪水排沙,充分利用河道输沙潜力输沙入海。

黄河“八五”攻关所计算的泥沙多年调节方案,从最大兴利考虑是在淤满 254 m 以下 75 亿 m^3 库容之前,水库不利用洪水排沙[7]。本次研究的方案是不同起冲条件水库淤积 30 亿 m^3、40 亿 m^3、50 亿 m^3 和 60 亿 m^3 后利用洪水泄空排沙。同时考虑水库单独应用和与三门峡水库联合运用两种组合;在下游河道考虑了现状情况与游荡型河道进一步整治后对输沙减淤的影响。

8.2.2 泥沙多年调节水库控制运用

泄空冲刷选在 7 ~9 月进行,当水库的淤积量大于首次起淤积量,预报 3 d 的入库流量大于 2 300 m^3/s,并有上涨趋势时,水库先放空,然后利用洪水进行泄洪冲刷。实际的排沙流量大于 3 000 m^3/s。当入库流量小于 2 300 m^3/s,并有下降趋势时,停止冲刷转入蓄水拦沙运用。库水位下降过程按黄河水利勘测规划设计有限公司规定条件控制,日最大降幅为 6 m,数日最大累积降幅 25 m。

水库调节运用控制条件除了遵循上述制定的运用原则外,在方案计算中根据“八五”国家科技攻关研究结果,最长泄空冲刷历时定为 30 d。

考虑到不同起冲淤积量对泄空冲刷效率的影响,当入、出库的含沙量增幅小于 40 kg/m^3时停止冲刷,转入蓄水运用。

因此,泥沙多年调节的水库控制运用主要有水库初期蓄水运用阶段、水库泄空阶段、水库泄空冲刷阶段和水库蓄水运用阶段。其中的关键环节是水库泄空冲刷阶段。

8.2.3 水库溯源冲刷计算方法

水库溯源冲刷是由于坝前水位骤降、水面比降突然增大而出现的一种自下而上的强烈的冲刷现象,它不仅能在短时间内将全部来沙排走,而且能冲走大量的库区前期淤积物,因此溯源冲刷计算是水库泥沙冲淤计算的一个重要组成部分。本章介绍的计算方法对水库的冲刷图形进行了合理概化,并分析确定了有关参数。与其他方法相比具有简单合理的特点。

8.2.3.1 纵剖面的概化

水库溯源冲刷纵剖面的变化主要取决于水库的运用方式、泄流规模、冲刷流量以及库区淤积物的抗冲性等因素。恒山等水库的运用实践表明,水库在蓄水拦沙运用后,如果迅速降低坝前水位会形成含沙量很高的泥流,随着溯源冲刷的发展,库区会形成一条主槽,进而会产生滑塌,继续形成出库的高含沙水流,这种现象在大型水库中同样可以发生。根据库水位下降过程的不同,库区溯源冲刷的纵剖面的发展可以概化成如下几种情况:①最强烈的冲刷。这种情况主要表现为当坝前水位突然降至某一很低水位的时候,它具有冲刷强度很大、出库含沙量随时间变化明显的特点,其纵剖面可概化为以最低水位为轴呈辐射状变化,如图 8-1(a)所示;②较弱的冲刷。如图 8-1(c)所示,纵剖面以库尾某一点为轴呈放射状,库水位缓慢下降时,常出现这种情况,显然其出库含沙量较低;③较强烈的冲刷。在以上两种情况之间,应有如图 8-1(b)所示的情况,它发生在坝前水位迅速而连续的下降过程中,纵剖面近乎平行下切地变化,这种情况在某种程度上兼有以上两种情况的特点,而且具有泥沙组成均匀,含沙量也较高的特点。小浪底“高蓄速冲”运用方式在条件许可时都尽可能采用这种冲刷方式。

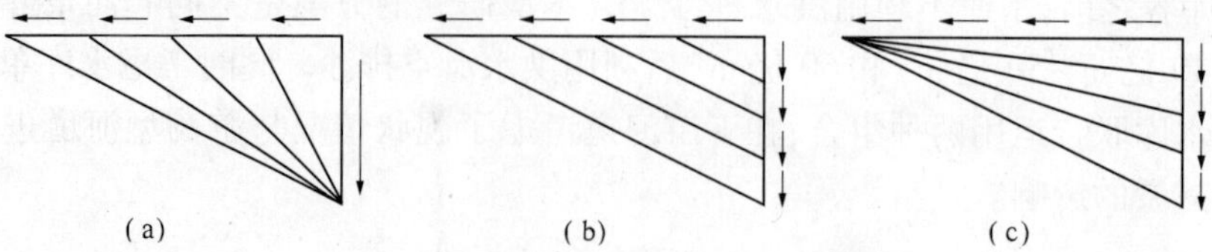

图 8-1　水库溯源冲刷发展的几种图形

8.2.3.2　横断面的概化

水库运用的经验表明,水库往往是“淤积一大片、冲刷一条线”,这是因为对于蓄水运用水库,当库水位突然下降至淤积面高程以下时,库区会产生大量的淤泥滑塌,随着洪水的继续冲刷,溯源冲刷得到充分发展。冲刷的泥沙不仅有主槽底部的,而且还有因不断冲深而导致边坡失去稳定而滑塌下来的泥沙。这样,冲刷形成的横断面可以用梯形断面来概化,B 和 m 与冲刷流量的大小、淤积物的抗冲性等因素有关。溯源冲刷是一种很强烈的冲刷,所形成的槽宽要小于稳定河宽,m 值经参考王瑶、恒山和巴家嘴等水库的资料取 6 ~ 10,这样如已知河槽深 h,则断面面积 A 即可用如下的梯形公式算出,即

$$A = (B + mh)h \tag{8-1}$$

8.2.3.3　冲刷体体积的计算

利用以上纵剖面和横断面的对比,冲刷体即可计算出来,它是横断面面积沿距坝里程的积分(见图 8-2)。

$$V_s = \int_0^L A(x)\,\mathrm{d}x \tag{8-2}$$

式中:L 为冲刷体的水平长度;x 为某积分断面距冲刷体起点的距离;$A(x)$ 为距冲刷体起点处的断面面积;V_s 为冲刷体的体积。

把式(8-1)代入式(8-2)中,且利用 $h = xJ$、$L = hJ$,积分后得

$$V_s = \frac{1}{3J}(1.5B + mH)H^2 \tag{8-3}$$

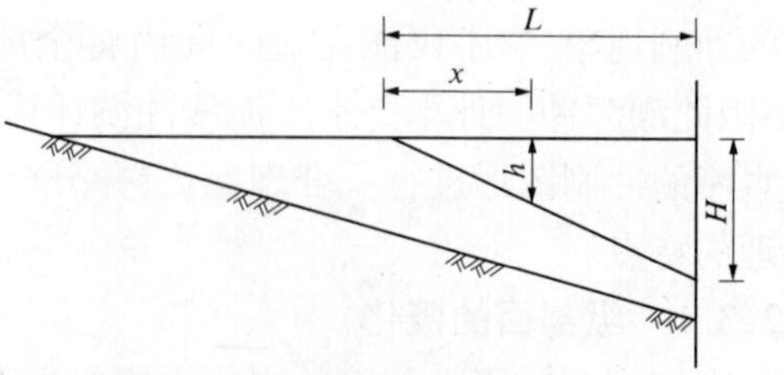

图 8-2　溯源冲刷体体积的计算

式(8-3)即为冲刷体体积的计算公式,式中的 H 为坝前冲刷深度。

8.2.3.4　溯源冲刷的计算

1)公式的选用及有关参数的选定

关于溯源冲刷的计算已有不少研究成果,由于问题的复杂性,这些公式大多是经验性或半经验性的,其中清华大学的公式根据三门峡等多座水库的实测资料,考虑了影响溯源冲刷的一些主要因素如入库流量和比降等,但没有考虑入库含沙量变化对出库含沙量的直接影响。在进行小浪底泥沙多年调节分析计算时,我们在公式中引入了入库含沙量这

一因素，将公式修改为

$$S_o = \Psi \frac{Q_i^{1.6} J^{1.2}}{B^{0.6}} + S_i \tag{8-4}$$

式中：S_o 为出库含沙量；Ψ 为反映泥沙抗冲性的综合系数，经分析取 300；Q_i 为入库流量；S_i 为入库含沙量；其他符号意义同前。式中右端的第一项即为溯源冲刷在库内冲起的含沙量 S_c。

溯源冲刷是一种很强烈的冲刷，含沙量的增量对出库流量有明显的影响，根据质量守恒定律，可推得出库流量的计算公式

$$Q_o = Q_i(1 + \frac{S_c}{\gamma_d - S_c}) \tag{8-5}$$

式中：Q_o 为出库流量；S_c 为冲刷引起的含沙量的增量；γ_d 为库区淤积物的干密度，对于小浪底泥沙多年调节，经分析 γ_d 取 1 200 kg/m^3。

2）计算方法

冲刷将引起出库流量的增大，当出库流量大于水库的泄流能力时，坝前会产生壅水，使冲刷比降变缓，溯源冲刷减弱，出库含沙量和流量变小，因此溯源冲刷需要试算，方能得到合理的计算结果。

小浪底水库采用"高蓄速冲"泥沙多年调节运用方式，是在水库淤满后才开始冲刷的，淤满后的淤积体呈锥体。每次冲刷时，假定初始比降，利用式(8-4)可计算出 S_c、S_o，再代入式(8-5)中即可求得 Q_o，进而求得出库输沙率 Q_s 及本时段内库内泥沙体积的减少量 V_s，再由下式就可反求出当日水位下降值 H_i，即

$$V_s = \frac{(1.5B + mH_i^2)}{3J_i} - \frac{(1.5B + mH_i)H_{i-1}^2}{3J_{i-1}}$$

式中的 J_{i-1} 为上一时段末的比降。如果冲刷起始的坝前水位为 Z_o，则本时段坝前水位为 $Z_i = Z_o - H_i$，由 H_i 可在泄流曲线上查出对应的泄流能力 Q_{icap}。若 $Q > Q_{icap}$，说明发生壅水，给一个较小的 J_i，重新试算；若 $Q < Q_{icap}$，而 Q 大于冲刷最低限制水位 Z_{min} 对应的泄流能力，需给一个较大的 J_i，重新试算；若 $Q = Q_{icap}$ 或 Q 小于冲刷最低限制水位 Z_{min} 的泄量时，结束试算，进入下一时段的冲刷计算。

8.2.3.5 计算结果及分析

图 8-3 是按以上方法计算的小浪底水库最低冲刷水位 180 m 时的泄空冲刷综合过程线，对照比降和出库含沙量的变化过程，可以看出，含沙量变化的过程大体上对应着比降变化的过程，特别是在冲刷开始的 3 ~ 4 天中，比降很大，达 10‱ ~ 20‱，对应的含沙量也高达 300 ~ 600 kg/m^3。随着比降变缓，冲出的含沙量也降低；同时从图中也可看到入库含沙量和入库流量对出库含沙量也有明显的影响。

1993 年 6 月 25 日，三门峡水库经过非汛期几个月蓄水拦沙运用，突然泄空，坝前水位降幅达 12 m，出库最大流量 1 480 m^3/s，在开始泄空的 24 h 内，出库含沙量达 300 kg/m^3，以后的含沙量在 150 ~ 200 kg/m^3 间变化。小浪底"高蓄速冲"泥沙多年调节运用方式的出库过程与三门峡水库泄空冲刷有极相似之处，说明小浪底水库突降水位泄空冲刷可以产生高含沙水流，也说明以上介绍的计算方法是合理的。

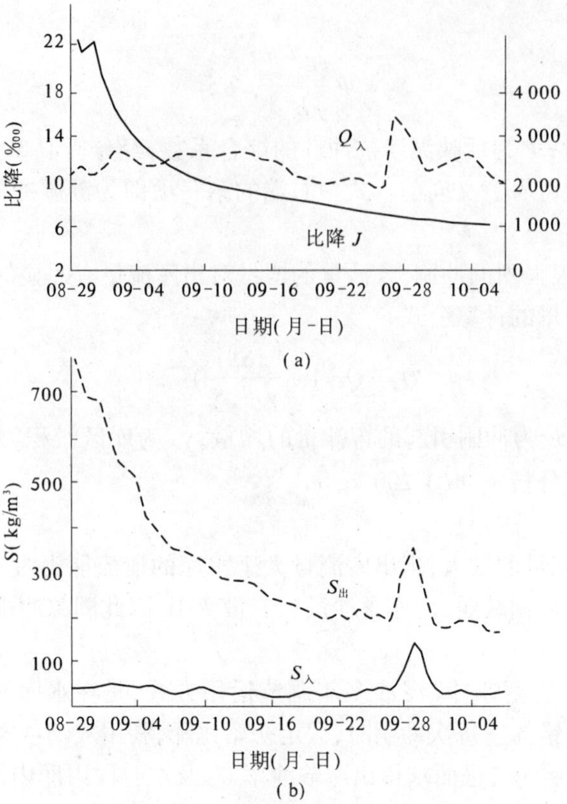

图 8-3　水库泄空冲刷综合过程线

8.3　黄河下游河道水文学数学模型

8.3.1　关于模型的简要说明

黄河下游河道由于其固有的输沙特性与河道演变特性，来沙量多、含沙量高、变幅大、河道冲淤调整变化迅速，以前很多在其他河流上应用得很好的模型，却难以适用于黄河，例如美国的 HEC-6 模型在美国当地的河流用得很好，但后来将该模型用于黄河冲淤计算时，却根本无法使用。1960 年，随着三门峡水库的建成和对黄河输沙规律认识的不断深化，迫切需要回答三门峡水库的减淤效益等问题，在这种背景下，研制了本模型。后来，又考虑了黄河下游水文测验中底沙漏测的情况，根据龙毓骞和黄河水利委员会水文局分析提供的输沙率资料的修正方法，对模型公式中的系数重新进行了率定，验证计算了1960～1973 年(水库滞洪排沙运用期)、1974～1983 年(水库蓄清排浑运用期)情况，计算结果与实测吻合良好。本模型是刘月兰、韩少发等根据潘贤娣、赵业安等很多长期从事黄河泥沙资料分析和研究的泥沙科技工作者，以大量的黄河实测资料为基础，在对黄河泥沙输移规律和河道调整规律的认识的基础上建立的，填补了当时没有黄河数学模型的空白，由于技术上的创新性，曾荣获全国科学大会奖[8]。

模型实际上也以水流连续方程、水流动量方程和泥沙连续方程为理论基础，避开了水流挟沙力、阻力计算等很多在泥沙理论中还不成熟的问题，分析并利用了大量的黄河实测资料，在总结规律的基础上提炼而成，曾计算了三门峡水库各运用阶段黄河下游河道的冲淤，实际使用表明，该模型能够反映黄河下游河道输沙和河道演变的特点，概念简单明确，实用可靠。因此，可以认为本模型是以实测流量和输沙率表示的非恒定流水动力学模型的一种。

模型把下游用花园口、高村、艾山和利津四站分为四大段，根据四大河段的特点分别建立泥沙输移公式，每大段又适当划分为若干小段进行滩槽水沙交换计算。输沙公式是根据黄河下游河道多来多排的特点建立的公式，引入“累计冲淤量”以反映河道的自动调整规律。对于漫滩洪水，槽蓄量对冲淤计算影响较大，用马斯京根法进行调洪验算。

8.3.2 模型的特点

模型的特点为：

(1)模型是有一定理论基础的。和一般河床变形计算一样，黄河下游河床变形计算也是基于河床变形的三个基本方程，即：

水流连续方程

$$\frac{\partial Q}{\partial X}+\frac{\partial A}{\partial t}=0$$

水流动量方程

$$v\frac{\partial v}{\partial X}+\frac{\partial v}{\partial t}+g\frac{\partial h}{\partial X}+g\frac{\partial y}{\partial X}=g(J_0-J_i)$$

泥沙平衡方程

$$\frac{\partial Q_s}{\partial X}+\gamma_s B\frac{\partial Z}{\partial t}=0$$

上述式中：Q 为流量；X 为水流方向距离；A 为过水断面面积；t 为时间；v 为断面平均流速；h 为水深；y 为河床变形厚度；J_0 为床面坡降；J_i 为阻力坡降；Q_s 为输沙率；γ_s 为泥沙容重；B 为河宽；Z 为河床高程。

将微分变成差分，略去微小变化项，以黄河下游实测资料反求得有关参数，代入方程进行沿程洪水推演及泥沙水力学计算。所以本方法基本为水文水力学方法。

(2)能够反映黄河下游河道的多来多排的特点。例如，潘贤娣、赵业安等黄河泥沙工作者通过大量的黄河实测资料分析得出黄河河道具有多来多排的特点，即对于一定时期，一站的输沙能力取决于该站的流量和上站的含沙量，有

$$Q_s=kQ^{\alpha}S_u^{\beta}$$

式中：Q_s 为本站输沙率；Q 为本站流量；S_u 为上站含沙量。上式的流量反映了输沙的力学成因，含沙量反映了河道多来多排的特点。其中的系数 k 和指数 α、β 还会随着河道的边界条件发生变化。总的来说，与无河道整治条件相比，有河道整治工程的使 k 值减小，主要是因为塌滩量减小而使冲刷量减小，而窄深河槽的形成使 α 值和 β 值增加，从而使河道的输沙能力提高。当河道的边界条件发生大的变化时，需要重新验证模型。通常用近期

的地形和水沙条件对模型进行率定和验证之后来预报未来的河道冲淤情况。

(3)以累积冲淤量作指标反映河道的自动调整。河道的断面形态会随着不同的来水来沙做相应的调整,当来水来沙条件有利、河道冲刷较多时,河道横断面形态会变得较为宽浅,流速变小,从而使挟沙能力降低;反之,当来水来沙条件不利时,河道边滩淤积深槽冲刷,横断面趋于窄深(见图8-4),从而使流速提高(见图8-5),挟沙能力增大。这就是冲积河流的自动调整机理的一个重要的方面。

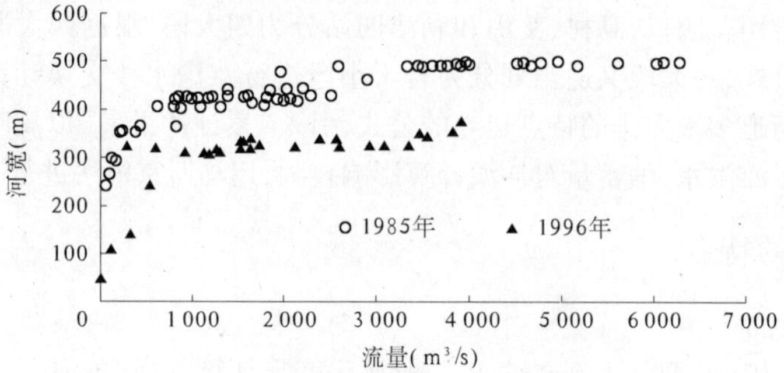

图8-4　淤积使横断面变窄深(利津站)

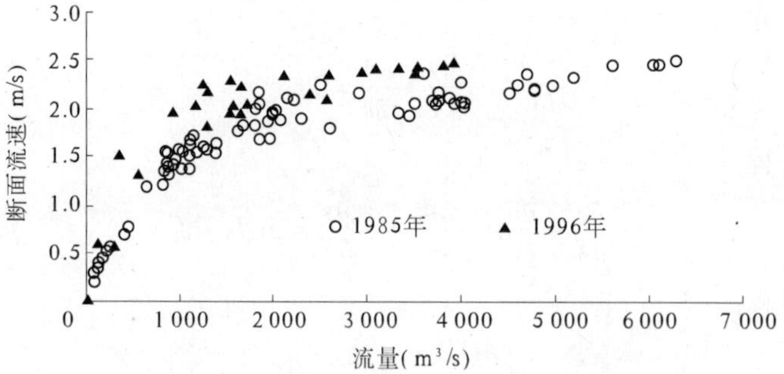

图8-5　淤积使流速提高、挟沙力增大(利津站)

模型将河道概化为矩形断面,又显得过于简单,为使河道横断面的调整能更好地得到反映,又引入了"累积冲淤量"。由于黄河河道的复杂性,河道断面调整、纵比降的调整以及床沙粗化和细化的调整要定量地衡量和区分是十分困难的,"累积冲淤量"实际上反映了这几种因素的综合影响。多来多排输沙公式在一定时期定量反映河床冲淤是可以的,但河道断面形态、床沙组成等会影响不同时期的河道冲淤幅度,而引入"累积冲淤量"指标,并将其放到含沙量的方次部分,从而使多来多排输沙公式得以完善。

(4)考虑了洪水坦化对输沙的影响。中大流量洪水时,河槽的槽蓄量很大,洪水的沿程坦化明显,它对输沙的影响必须考虑,模型中采用水文学上的马斯京根法进行调洪验算。而马斯京根法早被证明是有流体力学理论根据的。

(5)考虑了下游河道藕节状的河道,考虑了滩槽水沙交换对输沙的影响。

(6)绕过了水流挟沙力公式还不成熟的难点。目前,几家挟沙能力公式与黄河实测资料相比,都还存在很大的偏差难以满足定量计算冲淤的要求。本模型针对黄河的特点,以大量实测资料建立公式,巧妙地绕过了水流挟沙力公式还不成熟的难点,具有实用可靠的特点。

(7)考虑了河道摆动。黄河下游游荡型河道汛期经常发生横向摆动,具有随机性,有时摆幅很大,模型必须能够反映黄河下游游荡性河段的这种河道演变特点,否则在进行长期计算时会引起很大误差,甚至导致计算无法进行。

(8)实际问题考虑较全面。例如,考虑了长期下泄清水、一般水沙条件等不同水沙条件下的特点;考虑了引水引沙的影响;考虑了滩区生产堤是否存在;考虑了艾山站流量大于一定流量时,东平湖分洪的水沙量。

(9)采用面向对象编程,更符合人的思维习惯、更简单、更不易出错,可以更大型化,容易引进新的概念,功能更完善。

(10)Excel 下的 Windows 程序,图形化的友好界面,输出图表化,可以实时动态显示计算过程,交互式操作,允许计算过程中随时切换图表(见图 8-6)。

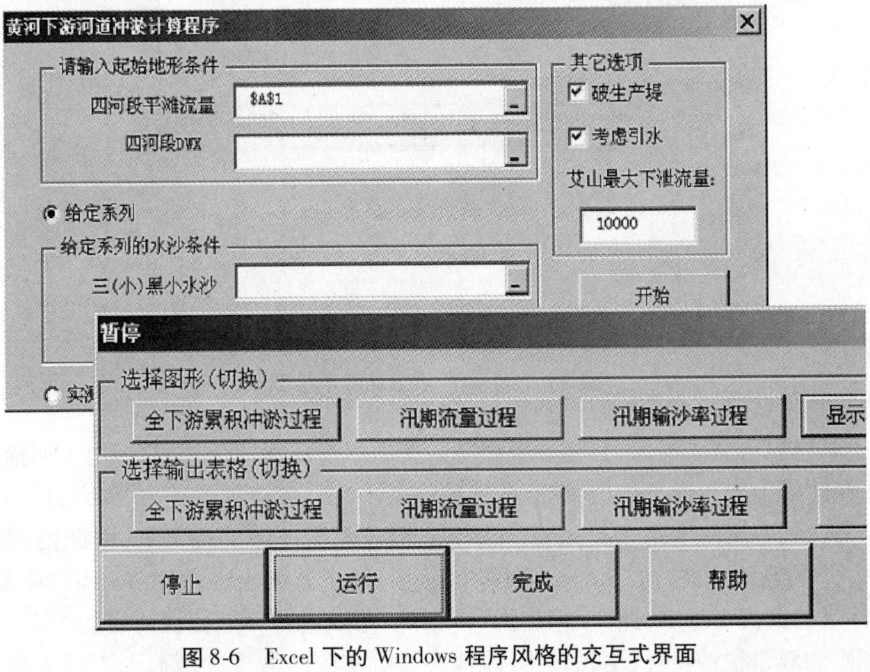

图 8-6 Excel 下的 Windows 程序风格的交互式界面

(11)与数据管理和检索分析系统集成一体。最近一年,我们开发了完全基于 Excel 的黄河水文泥沙数据的管理检索的检索与分析系统的雏形,并与数学模型完全集成一体(见图 8-7)。

在数据管理与检索方面,完成了最复杂的部分——黄河下游实测大断面的检索,并且具备网络功能——既可以检索黄河水文网的历史水文数据,也可以在黄河水利科学研究院的局域网检索数据。

将数学模型与数据检索和分析集成一体,进一步简化操作,可以在 Excel 检索数据、分析数据和进行数学模型计算和立刻对计算结果进行分析。

完全基于 Excel 使开发相对简单,对已有的历史水文资料充分利用,仅管理近期的水文数据,功能强大、简单灵活,且可避免大量的重复劳动。

8.3.3　高含沙塑槽和输沙的模拟

对艾山以下窄深河道的输沙特性深入地分析研究表明，造成 $Q>2\ 000\ m^3/s$ 河道输沙呈多来多排特性的原因，是由于河槽水力几何形态在此发生拐点，河道水力学特性发生质的变化，在拐点发生之前属低流速区，阻力在挟沙能力低时，河道输沙呈"多来多排多淤"状态；在进入拐点以后，进入高流速区，$Q=2\ 000\ m^3/s(h=2.5\ m, v=1.8\sim2\ m/s)$，床面进入高输沙动平整状态，阻力较小，较悬沙粗得多的床沙均存在着强烈的运动，悬沙自然不会在床面上沉积，必然呈"多来多排"的输沙状态。

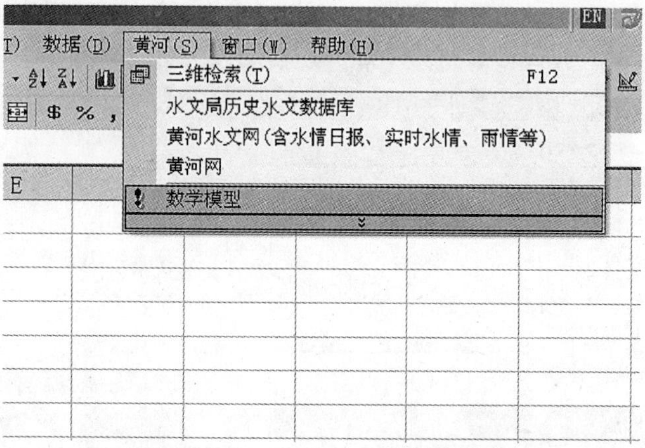

图 8-7　在 Excel 下启动数学模型

对于高村以上宽浅河道，其输沙机理应与艾山以下窄深河道相同，但由于河槽形态不同，水深在断面上分布极不均匀，造成输沙特性的不同。主流区流速、水深大，进入高流速区，很容易达到不淤的多来多排条件。由于主槽过流量所占的比例大，因此使河道呈现"多来多排"的输沙特性，而在边滩，水深、流速小，处于低流速区，阻力大，泥沙强烈淤积，来水含沙量越大淤得越多，即"多来多淤"。因此，形成高村以上宽浅河道的"多来多排与多来多淤"的双重输沙特性，主槽多排，滩地多淤。实测滩淤槽冲断面形态的变化也证明了这一输沙特性。

研究表明，河槽形态是影响河道输沙的主要控制因素。这在经验模型中也充分反映了，如 $Q_s=kQ^{\alpha}S^{\beta}$ 中上站含沙量指数 β 随着黄河下游比降的变平、河槽形态由宽浅变窄深而逐渐增加，由宽浅河段的 0.6～0.7，到艾山以下增加到 1.0，甚至比 1.0 还会略大。因此，它能比较完全真实地反映黄河下游河道过去的输沙特性。

然而这一计算方法的不足之处是不能灵敏地反映宽浅河段河槽形态的迅速自动调整对河道输沙特性的巨大影响。如含沙量较高的洪水通过时，滩地迅速淤高，主槽强烈冲刷形成窄深河槽后，河道输沙特性由淤积变为冲刷，表 8-1 分别给出 1977 年和 1973 年前后两场高含沙洪水，在黄河小北干流龙门至潼关河段及夹河滩以上河段的河段排沙比，由前一场的 78% 和 66%，到第二场洪水时迅速提高到 101% 和 124%。

表 8-1　宽浅游荡河道输沙能力变化

河段	时段（年-月-日）	Q_{max} (m^3/s)	S_{max} (kg/m^3)	d_{50} (mm)	$d<0.01$ mm(%)	河段排沙比(%)
黄河小北干流	1977-07-06～08	14 500	690	0.04～0.05	14～20	78
(龙门至潼关河段)	1977-08-05～08	12 700	821	0.08～0.13	11～15	101
黄河下游	1973-08-28～31	3 840	477	0.04～0.05	15～25	66
夹河滩以上河段	1973-09-01～03	4 470	331	0.04～0.05	10～25	124

比较合理的计算方法应能反映冲积河流河槽形态的调整对输沙的影响，如水库调水调沙后，改变了进入河道的水沙条件，引起河槽形态调整，河道输沙特性也相应发生变化。只有这样才能真实地反映出不同调水调沙方案对河道的减淤效果。为此，必须对上述计算方法进行改造完善，使之具有河槽形态变化对输沙能力调整的功能。

8.3.3.1　高含沙洪水在宽浅河道塑槽输沙计算方法

小浪底水库的调沙方式决定了下游河道在清水冲刷形成的河槽基础上塑造窄深河槽。因此，要引入清水冲刷时的河相关系和高含沙洪水塑造窄深河槽的河相关系。根据两种河槽的断面形态特性、冲淤特性、流量的大小、漫滩情况，计算每次排沙塑槽淤积量。在塑槽过程中用天然实测高含沙洪水时段输沙关系式进行冲淤计算，实测高含沙洪水的输沙公式为

$$Q_{s花}=0.000\ 315Q^{1.188}S^{0.879}_{三+黑+小} \tag{8-6}$$

$$Q_{s高}=0.001\ 667Q^{1.075}S^{0.712}_{花} \tag{8-6'}$$

$$Q_{s艾}=0.000\ 924Q^{1.135}S^{0.76}_{高} \tag{8-6''}$$

$$Q_{s利}=0.000\ 501Q^{1.076}S^{1.016}_{艾} \tag{8-6'''}$$

当累计淤积量大于塑槽淤积量时，窄深河槽塑造完成，利用窄深河槽输沙公式中有关参数进行输沙计算。

1）高含沙水流的河相关系

图 8-8 给出花园口站 1977 年高含沙洪水前后流量与河宽关系的变化，表明流量5 000 m^3/s 的河宽由洪水前 2 500 m 左右缩窄到 700～800 m。

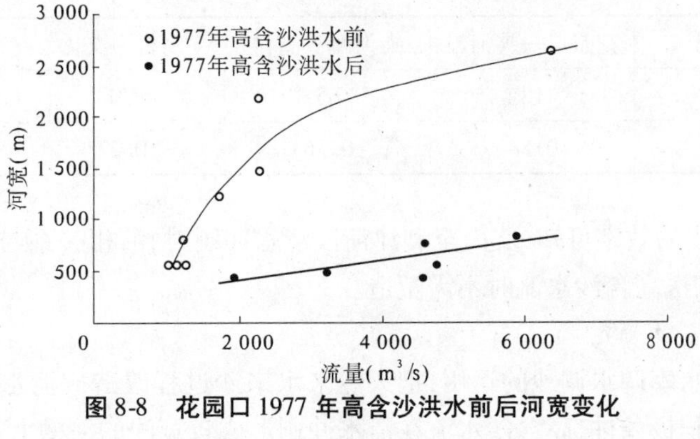

图 8-8　花园口 1977 年高含沙洪水前后河宽变化

为了保证高含沙水流在紊流区输送，需控制有效雷诺数 $Re \geqslant 5\,000$。

从曼宁公式求得最小流动水深 $h_k = \left(\frac{v_K n}{J^{0.5}}\right)^{1.5}$ 。由此式可知，最小流动水深与比降成反比，因高含沙水流要保持在紊流条件下输送，因此最大河宽与比降成正比。黄河下游沿程河相关系可描述为

$$B = CQ^P J^{0.5}\text{（}J\text{ 为万分数，‱）} \tag{8-7}$$

根据黄河下游河道实测资料及渭河、北洛河实测资料的分析，P 值取 0.22（见图 8-9），黄河下游的 C 值为 78。

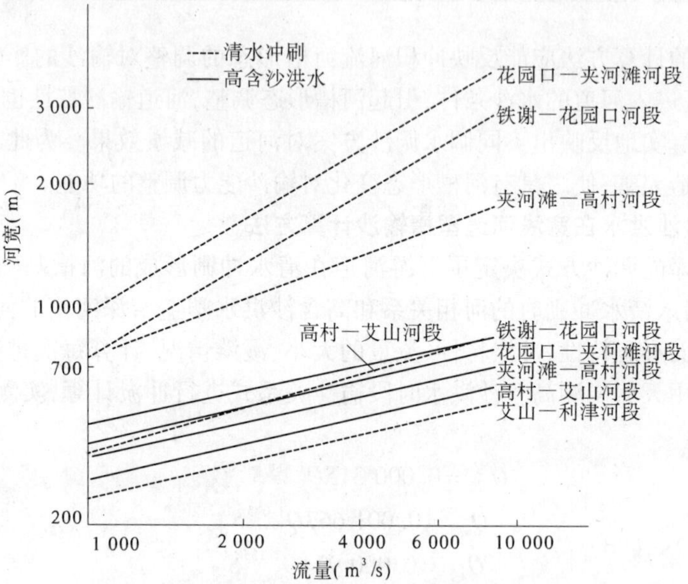

图 8-9　清水冲刷与高含沙洪水河相关系沿程变化

2）清水冲刷时河相关系

根据 1960 ~ 1964 年三门峡水库下泄清水，黄河下游河道各河段大断面实测资料的统计分析，河相关系为 $B = CQ^P$，式中的系数与指数如表 8-2 所示。

表 8-2　清水冲刷时河相关系

河段	铁谢—花园口	花园口—夹河滩	夹河滩—高村	高村—艾山	艾山—利津
C 值	14	18	65	70	78
P 值	0.58	0.58	0.36	0.27	0.22

由表 8-2 给出的数字可知，艾山至利津河段清水冲刷时，河相关系与高含沙水流时河相关系相同，在输送高含沙水流时不需塑造。

3）塑槽淤积量的确定

由于小浪底水库调水调沙的运用，把天然来水来沙过程改造成清水水流与高含沙水流两种来水来沙积极条件，高含沙水流在清水冲刷形成较宽浅的河槽上塑造成窄深河槽，

其塑槽淤积量与其断面形态和流量大小有关。清水冲刷形成的断面与高含沙水流塑造成的窄深河槽的差别，可以用形态系数 $K=\frac{A-A'}{A}$（其中，A 为流量级下总的过水面积，A' 为由水面起算平均水深高程以下的面积）来表示。K 值越大，表示水深在断面上分布的愈均匀。游荡型河道清水冲刷后形成的断面 K 值为 0.6 左右，高含沙洪水塑造形成的窄深河槽的 K 值约为 0.80，即在平均水深高程以下后者比前者多 15%～20% 的面积。

图 8-10 为高含沙水流在清水冲刷形成宽浅河槽上塑造窄深河槽的示意图。由图可知，形成窄深河槽后的平均水深

$$R=R_0+H_0+H_M$$

$$H_M=K_P\times R_0\times B_0/B$$

式中：R_0 为宽浅断面的平均水深；H_0 为河槽由宽浅变窄深后水位升高值；H_M 为河槽形态不同而产生的平均水深差值；K_P 为高含沙水流与清水水流断面形态系数的差值；R_0 和 B_0 分别为清水冲刷形成的平均水深与河宽；B 为高含沙水流塑造的河宽。H_M 值随流量增加而增大，在流量 5 000 m^3/s 时，H_M 值为 0.5～1.0 m。

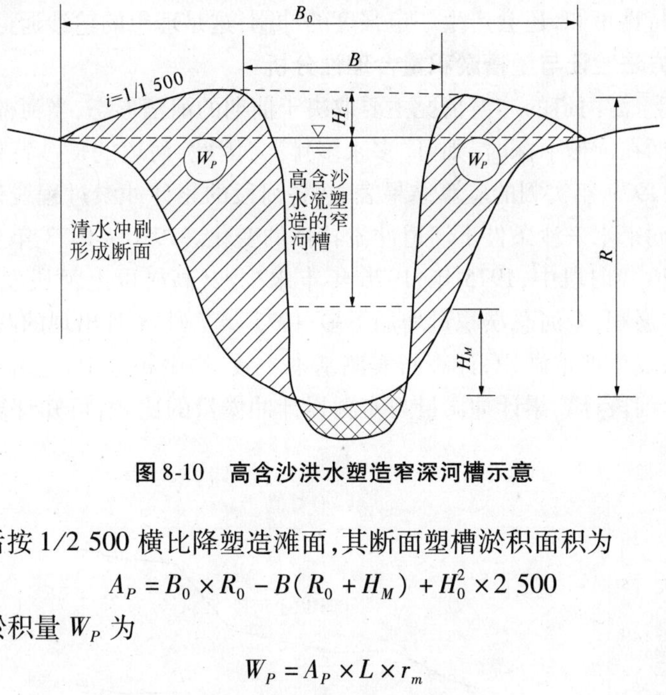

图 8-10　高含沙洪水塑造窄深河槽示意

洪水漫滩后按 1/2 500 横比降塑造滩面，其断面塑槽淤积面积为

$$A_P=B_0\times R_0-B(R_0+H_M)+H_0^2\times 2\ 500 \tag{8-8}$$

河段塑槽淤积量 W_P 为

$$W_P=A_P\times L\times r_m \tag{8-9}$$

式中：L 为河段长度；r_m 为淤积物容重；其余符号意义同前。

4）有关计算程序使用说明

编制的高含沙水流塑槽的子程序与主程序的使用，随着出库水沙条件的变化选用不同的计算程序：

（1）水库蓄水拦沙下泄清水期采用实测资料建立的计算方法计算，即小浪底水库规划采用的计算方法。

（2）当水库泄空冲刷的含沙量大于 200 kg/m^3 时转入本程序。在形成窄深河槽之前，

河道受前期清水冲刷条件限制，输沙能力较低，输沙公式 $Q_s = kQ^{\alpha}S_{上}^{\beta}$ 中的 K 值和 α 值，采用实测高含沙洪水输沙资料分析值。

（3）当时段累计淤积量 $W_e > 0.9W_p$ 时，认为塑槽已基本完成，输沙公式中系数和指数分别改为：$k = 0.001$、$\alpha = 1$、$\beta = 1$，形成窄深的输沙河槽，呈现"多来多排"的输沙特性，此时的塑槽流量即为平滩流量，当 $Q > Q_0$ 时进行漫滩计算。

（4）清水冲刷期以塌滩为主。清水冲刷量按 90% 塌滩计算，当时段的累计冲刷量大于前期塑槽淤积时，水库排沙时所需的窄深河槽重新塑造；当清水冲刷量小于前期塑槽淤积量时，只进行补充塑造。

（5）清水冲刷计算程序与本程序并联运行，当出库的含沙量大于 200 kg/m^3 时，跳入本程序，同时把清水冲刷形成的漫滩流量数值代入；当水库排沙完成后，转入清水冲刷程序，同时把高含沙水流塑造的平滩流量值代入，使两个程序有机地联系在一起。

下游游荡性河段随着来水来沙条件的变化，河槽形态发生相应的调整，河道输沙特性也产生相应的变化，清水冲刷形成较宽的河槽，河道的输沙能力较低，排沙期的高含沙水流塑造出的窄深河槽形成高效输沙河道，在水流条件变幅不大时，河槽自然不发生严重淤积，从实测输沙特性可知，还会产生一定强度的冲刷，这是理想的输沙通道。

8.3.3.2 计算方法验证与塑槽淤积量合理性分析

水库排沙期下游河道的冲淤情况主要取决于前期的河槽形态，当河槽宽浅时，必然会发生严重淤积；而在河槽窄深时，则可"多来多排"。因此，河道的输沙特性取决于前期河相关系。1970～1979 年实测的验算结果表明，各河段的累计冲淤过程线计算与实测基本符合，能反映不同来水来沙条件下河道冲淤特性的变化。1970～1973 年全河均发生严重淤积；1974～1976 年时段中，1975 年、1976 年丰水少沙，高村以上河段发生冲刷，高村以下河段发生漫滩淤积，全河总淤积量增加不多；1977 年 7 月、8 月出现的两场高含沙洪水，在高村以上河段发生严重淤积，计算与实测基本一致，均淤积近 10 亿 t。图 8-11 给出高村以上河段和全河段计算累计冲淤量与实测累计冲淤量的比较，可知计算结果与实测基本相符。

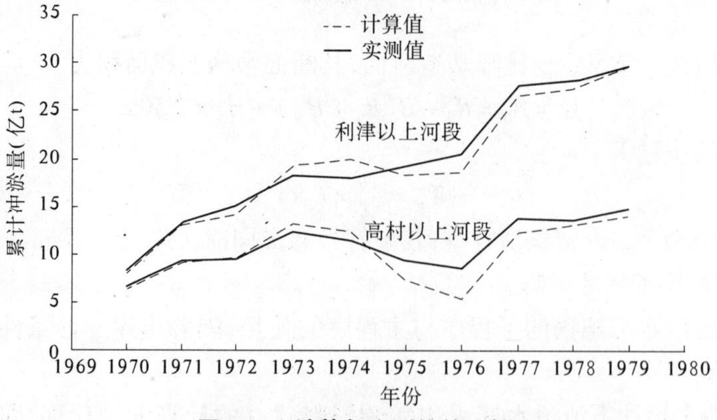

图 8-11 计算与实测值的比较

表 8-3 给出了黄河下游艾山以上各河段，在清水冲刷的河床情况下，水库排放高含沙

水流,塑造成窄深河槽的淤积量随流量的变化情况。表明排沙流量为 3 000 m^3/s、5 000 m^3/s 时,艾山以上河段总的塑槽淤积量分别为 3.71 亿 t 和 8.87 亿 t;排沙流量为 7 000 m^3/s、9 000 m^3/s 时,塑槽淤积量分别为 15.53 亿 t 和 23.14 亿 t。随着排沙流量的增加,塑槽淤积量成倍增加,主要是流量大漫滩范围广的结果。其中,花园口以上河段的淤积量约占全河段总淤积量的 25%,花园口—夹河滩河段的淤积量占全河段总淤积量的 40% ~ 45%,夹河滩—高村河段和高村—艾山河段的淤积量均占全河段总淤积量的 15%。

表 8-3　塑槽淤积量随流量的变化

塑槽流量 (m^3/s)	含沙量 (kg/m^3)	塑槽淤积量(亿 t)				
		花园口以上河段	花园口—夹河滩河段	夹河滩—高村河段	高村—艾山河段	合计
3 000	400	0.90	1.47	0.63	0.71	3.71
5 000	400	1.96	3.92	1.44	1.55	8.87
7 000	400	3.63	6.99	2.41	2.50	15.53
9 000	400	5.69	10.45	3.48	3.52	23.14

从表 8-4 给出的 1973 年、1977 年、1992 年的高含沙洪水期间夹河滩以上河段实测淤积量分析可知,上述计算的塑槽淤积量基本合理。1973 年 8 月的高含沙洪水如上所述,在夹河滩以上河段经历了先淤后冲的调整过程。由输沙量法测定的淤积量只有 0.47 亿 t。1977 年和 1992 年的高含沙洪水历时较短,花园口站的实测最大含沙量均接近小浪底站实测最大值,因此可以认为塑槽已基本完成,此时段的淤积量接近塑槽淤积量。花园口以上河段 1977 年和 1992 年由输沙量法计算得到的淤积量分别为 3.13 亿 t 和 0.955 亿 t,与表 8-3 中给出的相应流量时计算出塑槽冲淤量接近,计算值略大于实测值。

表 8-4　高含沙洪水在夹河滩以上河段冲淤变化

<table>
<tr><th rowspan="2">时段
(年-月-日)</th><th rowspan="2">$Q>3\ 000\ m^3/s$ 的天数</th><th colspan="2">小浪底</th><th colspan="2">花园口</th><th colspan="2">夹河滩</th><th colspan="2">冲淤量(亿 t)</th></tr>
<tr><th>Q_m (m^3/s)</th><th>S_m (kg/m^3)</th><th>Q_m (m^3/s)</th><th>S_m (kg/m^3)</th><th>Q_m (m^3/s)</th><th>S_m (kg/m^3)</th><th>花园口以上河段</th><th>花园口至夹河滩河段</th></tr>
<tr><td>1973-08-28 ~ 09-07</td><td>8</td><td>4 400</td><td>509</td><td>5 890</td><td>450</td><td>4 990</td><td>456</td><td>0.37
(0.772)</td><td>0.10
(0.918)</td></tr>
<tr><td>1977-07-06 ~ 13</td><td>6</td><td>8 100</td><td>535</td><td>8 100</td><td>546</td><td>8 040</td><td>405</td><td rowspan="2">3.13
(0.102)</td><td rowspan="2">2.32
(2.75)</td></tr>
<tr><td>1977-08-07 ~ 10</td><td>4</td><td>10 100</td><td>941</td><td>10 800</td><td>809</td><td>8 000</td><td>338</td></tr>
<tr><td>1992-08-10 ~ 19</td><td>3</td><td>4 570</td><td>535</td><td>6 260</td><td>488</td><td>4 530</td><td>230</td><td>0.955
(1.72)</td><td>1.86
(2.73)</td></tr>
</table>

注:括号中数字为汛前、汛后大断面法测量的冲淤量,单位为亿 m^3。

至于 1973 年、1992 年断面法测得的淤积量远大于输沙量法的冲淤量,主要是两次大断面实测的时段较长,测得的淤积量不仅包括洪水期塑槽淤积,还包括洪水前后平水枯水时段的淤积。1977 年断面法测得的冲淤量明显小于输沙量法的主要原因是多年来花园口站沙量偏小。

(1)从有利于高含沙水流产生考虑,水库应蓄水拦沙运用,然后迅速泄空,利用饱和淤积物中的孔隙水来不及排出、淤土的土力学强度低,在重力和渗透压力的共同作用下,随着强烈的溯源冲刷的发展,主槽刷深滩槽差加大,淤泥失去稳定,向坝前和主槽内发生流泥及鱼鳞状滑塌,是高含沙水流产生的主要形式。通过分析计算,在小浪底水库泄空后,在大比降大流量的作用下,产生 300 ~ 500 kg/m³ 的高含沙水流是可能的。

(2)河槽形态是影响多沙河流河道输沙特性的主要控制因素,水库调水调沙改变了出库水沙条件,从而会引起下游河道河槽形态的调整,使河道输沙特性发生变化。在水库调水调沙减缓下游河道淤积方案计算中必须考虑这种变化才能正确反映水库调水调沙的减淤效果。本章提出的塑槽计算方法具有此功能。

8.3.4 操作说明

本模型提供两种运行界面供使用者选择:用 Excel 的 VBA 开发的 Windows 风格界面,和在 DOS 提示符运行的界面。

8.3.4.1 数据准备

模型共需要以下几类数据(见图 8-12):

(1)下游河道以花园口、高村、艾山和利津划分的四个河段的起始平滩流量。

(2)反映前期冲淤影响的起始 DWX 值(每河段 1 个共 4 个)。

(3)入口处的水沙条件以及悬沙级配:汛期计算时段为天(共 123 天),非汛期计算时段为月(共 8 个月),以水文年计算。每年一个数据文件,每个文件共 7 列 123 排;各列依次为:三门峡或小浪底、黑石关、小董的流量(汛期)或水量(非汛期),三门峡或小浪底、黑石关、小董的输沙率(汛期)和沙量(非汛期)。悬沙级配以 $d<0.05$ mm 的沙量占总沙量的比例表示。这样,每年的水沙数据是一个 131 行 7 列的方阵(见图 8-12)。

1	系统的第一个文件是哪一年,如对于给定系列,是第一年
1	从哪一年算起,对于给定系列为从第一年
1	算到哪一年
0	破生产堤吗?(0 不破;2 破)[2/]
1	考虑引水吗?[1/]1 考虑;0 不考虑
10000	艾山以下下泻流量
AAA	三黑小或小黑小的水沙文件夹名[S50/ZQW]"
BBB	下游引水文件夹名[B50/BBB/SUI]

(4)下游 4 个河段的引水量与入口水沙条件类似,汛期 123 天,为日平均流量,非汛期 8 个月,为月水量。每年的引水数据是一个 131 行 4 列的方阵。

(5)滩地是否破生产堤,如果破生产堤,则滩地在大洪水时,使用较大的铺沙宽度。

(6)是否考虑引水。

(7)艾山以下最大下泄流量。大于此流量时,将使用东平湖分洪。

	A	B	C	D	E	F	G	H	I	J	K	L
1	模型计算需要的四类主要数据											
2	1 起始平滩流量					3 三(小)黑小水沙和级配						
3	花以上	花高间	高艾间	艾利间		流量			输沙率			
4	4300	3500	3000	3000		小浪底	黑石关	小董	小浪底	黑石关	小董	d<0.05
5						753.4	77.1	5.9	14.6	0.0	0.0	0.1
6	2 起始DWX					283.8	6.7	9.3	3.1	0.0	0.0	0.2
7	花以上	花高间	高艾间	艾利间		657.9	37.8	16.4	2.0	0.0	0.0	0.5
8	2.0	5.0	4.0	-4.2		1225.4	12.7	34.0	1.6	0.1	0.0	0.4
9						326.5	5.9	34.1	14.2	0.0	0.0	0.5
10						167.1	77.4	3.6	1.3	0.1	0.0	0.6
11	4 下游四段引水					1.2	61.6	12.7	0.0	0.0	0.0	0.4
12	花以上	花高间	高艾间	艾利间		244.6	68.0	2.1	0.2	0.0	0.0	0.0
13	2.3	23.8	13.9	46.5		1894.8	38.0	4.4	422.6	0.0	0.0	0.5
14	4.4	33.5	2.2	29.6		25.7	39.2	37.3	758.8	0.1	0.0	0.2
15	13.1	52.0	7.3	44.7		2071.7	25.4	10.3	582.9	0.0	0.1	0.1
16	12.5	49.2	7.6	42.6		78.6	91.7	13.3	80.2	0.3	0.0	0.2
17	2.3	33.5	3.4	24.8		15.2	336.6	11.4	18.7	0.2	0.0	0.7
18	7.5	45.6	1.0	30.4		172.1	242.0	4.0	7.3	0.3	0.1	0.6
19	0.8	2.8	3.3	25.4		91.7	122.9	31.8	34.2	0.2	0.1	0.2
20	11.4	10.9	12.9	45.1		509.6	46.5	4.7	25.7	0.1	0.0	0.4
21	6.9	40.5	4.4	44.1		254.0	244.3	41.5	16.3	0.0	0.1	0.2
22	4.8	43.0	13.1	11.1		278.2	57.5	18.5	2.7	0.0	0.1	0.4
23	6.9	21.8	3.6	35.2		627.5	129.2	18.6	13.0	0.0	0.1	0.7

图 8-12　模型运算需要提供的四类主要数据

8.3.4.2　程序运行

1)在 Excel 下运行

在 Excel 下运行时,所有的输入输出均在 Excel 以对话框、图表的形式给出,方便、快捷,程序运行时可进行一些交互式操作。

首先,打开水沙条件的 Excel 文件,启动 Excel,安装并加载宏后,会在 VB 工具条上出现"黄河下游河道冲淤计算水文法数学模型"按钮,有两种方法运行程序:

(1)用鼠标按下按钮,程序立刻运行,弹出如图 8-13 所示的界面,然后,单击"运行"按钮,出现如图 8-13 所示的对话框。在 4 个引用编辑框中输入单元格地址(用鼠标按下将当前窗体折叠起来选择单元格地址,或者直接输入数据的单元格地址,见图 8-14)。

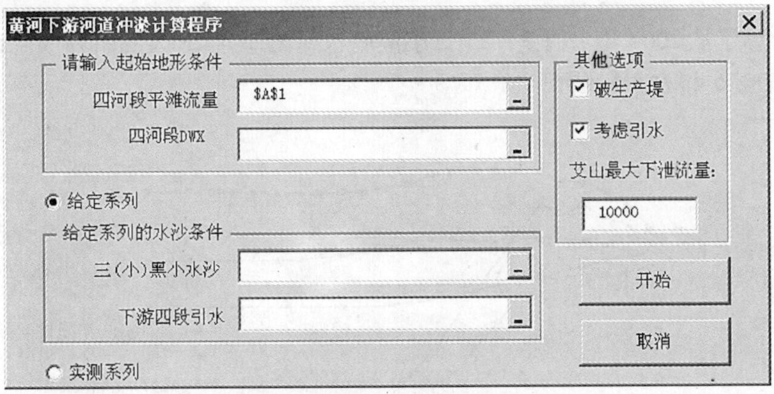

图 8-13　输入必要的水沙条件

图 8-14　折叠式引用编辑器

选定数据区域后，按下“开始”，一个显示计算过程和结果 Excel 模板文件被打开，同时出现如图 8-15 所示的窗体。

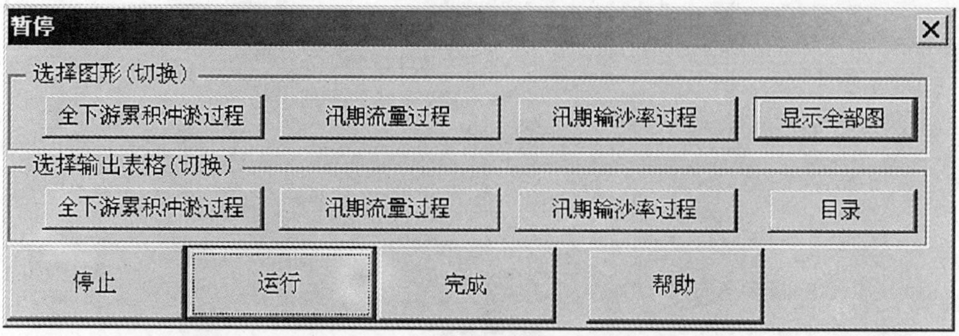

图 8-15　即将开始计算时的窗体

按下“运行”，程序开始计算，并以一个较慢的速度显示计算过程，其间可以在各图表间切换，以查看计算过程，显示所关心的内容。

按“完成”按钮，快速计算；按下“停止”，中断计算。计算完成后，可浏览计算结果，打印图表。

（2）另一种在 Excel 下运行程序的方法是先选择平滩流量、DWX、入口水沙以及下游引水的数据区域，然后运行程序。而且这种方法更快。

2）在 DOS 提示符下运行

将执行文件 X. EXE 复制到文件夹 D：\XXX；将水沙数据放在 D：\XXX\AAA 下，引水数据放在 D：\XXX\BBB 下，然后在文件夹 D：\XXX 创建 INPUT. TXT 文件，示例如下：

运行 D：\XXX\X. EXE.

计算结果以文本文件的格式放在文件夹. \OUT 下。

8.3.5　验证计算结果

本次计算了从 2002 年 7 月 3 ~ 25 日小浪底水库出库共 23 天的系列。验证计算结果如图 8-16，表 8-5 和表 8-6 所示。

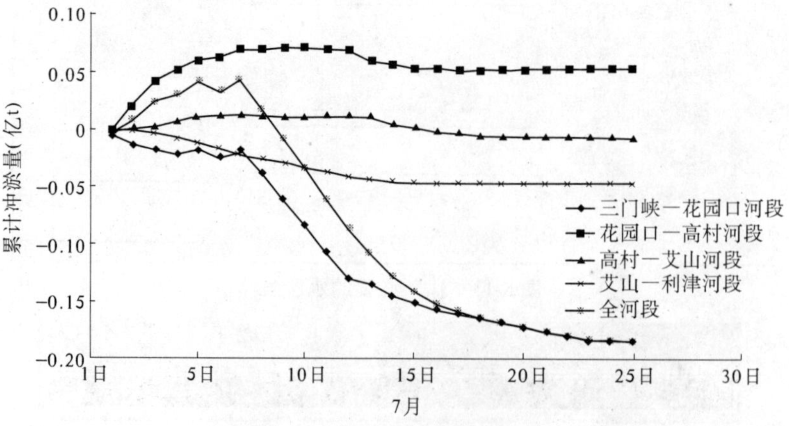

图 8-16　计算的下游累计冲淤量过程

表 8-5　计算的各河段总冲淤量　（单位：亿 t）

河段	三门峡—花园口	花园口—高村	高村—艾山	艾山—利津	全河段
全断面	-0.184	0.054	-0.007	-0.047	-0.184
主槽	-0.184	0.054	-0.042	-0.047	-0.219
滩地	0	0	0.035	0	0.035

表 8-6　各河段的平滩流量　（单位：m^3/s）

河段	三门峡—花园口	花园口—高村	高村—艾山	艾山—利津
起始	5 000	4 500	2 000	2 500
结束	5 394	4 436	2 045	2 538

第 9 章 数据库

9.1 数据库设计

Excel 是一个功能强大的数据分析工具,但 Excel 文件不是一个理想的数据存储格式,因为 Excel 很难保存具有关系意义的数据,很难保证数据在一处发生变化,其他自动发生变化。然而,Excel 不但是一个功能强大且简单易用的数据分析软件,又是一个很好的解决方案的平台,Excel 的对象模型提供了多种从诸如 Microsoft Access(微软公司的桌面数据库软件)、SQL Server(微软的服务器数据库软件)以及 Oracle(美国甲骨文软件公司的数据库软件)的数据库读写数据的解决途径。在 Excel 中,使用 VBA(但不限于),可以将来自 Excel 文件、文本文件、XML(eXtensible Markup Language,即可扩展标记语言)格式的文件,或者静态(或动态)网页的文件成批自动地保存到数据库,从而实现很多采用一般手段很难实现的复杂功能。

鉴于上述原因,水沙科学分析系统以关系数据库为后台,而只将 Excel 数据格式作为临时存储格式,在适当的时候自动转换为数据库格式。表 9-1 为数据库部分表设计。

表 9-1 数据库部分表设计

表名字	字段名	DataTypeEnum	字段类型	Precision
水文站	河名	202	adVarWChar	255
	站名	202	adVarWChar	255
	报汛站码	3	adInteger	10
	家站码	3	adInteger	10
逐年统计	自动编号	3	adInteger	10
	报汛站码	3	adInteger	10
	年份	3	adInteger	10
	日历年径流量	4	adSingle	7
	日历年输沙量	4	adSingle	7
	汛前径流量	4	adSingle	7
	汛前输沙量	4	adSingle	7
	汛期径流量	4	adSingle	7
	汛期输沙量	4	adSingle	7
	汛后径流量	4	adSingle	7
	汛后输沙量	4	adSingle	7
	日最大流量	4	adSingle	7
	日最大流量发生日	7	adDate	255
	日最大含沙量	4	adSingle	7

续表 9-1

表名字	字段名	DataTypeEnum	字段类型	Precision
逐年统计	日最大含沙量发生日	7	adDate	255
	日最大输沙率	4	adSingle	7
	日最大输沙率发生日	7	adDate	255
日表	自动编号	3	adInteger	10
	报汛站码	3	adInteger	10
	时间	7	adDate	255
	流量	4	adSingle	7
	含沙量	4	adSingle	7
	水位	4	adSingle	7
	输沙率	4	adSingle	7
	选择	11	adBoolean	255
实测流量表	ID	3	adInteger	10
	报汛站码	3	adInteger	10
	年	3	adInteger	10
	月	17	adUnsignedTinyInt	3
	日	17	adUnsignedTinyInt	3
	起时	17	adUnsignedTinyInt	3
	起分	17	adUnsignedTinyInt	3
	止时	17	adUnsignedTinyInt	3
	止分	17	adUnsignedTinyInt	3
	断面位置	202	adVarWChar	255
	测验方法	202	adVarWChar	255
	基本水尺水位	4	adSingle	7
	流量	4	adSingle	7
	断面面积	4	adSingle	7
	最大流速	4	adSingle	7
	平均流速	4	adSingle	7
	水面宽	4	adSingle	7
	最大水深	4	adSingle	7
	平均水深	4	adSingle	7
	水面比降	4	adSingle	7
	糙率	4	adSingle	7
	附注	203	adLongVarWChar	255
洪水要素表	ID	3	adInteger	10
	报汛站码	3	adInteger	10
	年	3	adInteger	10
	月	17	adUnsignedTinyInt	3
	日	17	adUnsignedTinyInt	3
	时	17	adUnsignedTinyInt	3
	分	17	adUnsignedTinyInt	3
	水位	4	adSingle	7

续表 9-1

表名字	字段名	DataTypeEnum	字段类型	Precision
洪水要素表	流量	4	adSingle	7
	含沙量	4	adSingle	7
水位流量面积含沙量	ID	3	adInteger	10
	报汛站码	3	adInteger	10
	站名	202	adVarWChar	255
	时间	7	adDate	255
	河水特征	202	adVarWChar	255
	水位	4	adSingle	7
	水势	202	adVarWChar	255
	流量	4	adSingle	7
	测流方法	202	adVarWChar	255
	测流面积	4	adSingle	7
	日均流量	4	adSingle	7
	含沙量	4	adSingle	7
	b	11	adBoolean	255
流域水库列表	河名	202	adVarWChar	255
	站名	202	adVarWChar	255
	水库名称	202	adVarWChar	255
	报汛站码	3	adInteger	10
	重要水库	11	adBoolean	255
	下限水位	3	adInteger	10
	水位差	3	adInteger	10
	备注	203	adLongVarWChar	255
水库水情	ID	3	adInteger	10
	报汛站码	3	adInteger	10
	时间	7	adDate	255
	库水特征	202	adVarWChar	255
	入库流量	4	adSingle	7
	日均入库流量	4	adSingle	7
	库内水位	4	adSingle	7
	水势	202	adVarWChar	255
	蓄水量	4	adSingle	7
	出库流量	4	adSingle	7
	日均出库流量	4	adSingle	7
	水位	4	adSingle	7
大断面测次清单	测次	3	adInteger	10
	平均日期	7	adDate	255
	最早日期	7	adDate	255
	最晚日期	7	adDate	255
	断面数目	3	adInteger	10

续表 9-1

表名字	字段名	DataTypeEnum	字段类型	Precision
黄河下游断面清单	ID	5	adDouble	15
	排序说明	202	adVarWChar	255
	距铁谢里程	5	adDouble	15
	梁氏编码	5	adDouble	15
	属于 373 的	5	adDouble	15
全部断面	ID	3	adInteger	10
	断面名字	202	adVarWChar	255
	梁氏编码	3	adInteger	10
	2001 - 距坝里程	5	adDouble	15
	前后都有的	5	adDouble	15
	s_ColLineage	205	adLongVarBinary	255
	s_Generation	3	adInteger	10
	s_GUID	72	adGUID	255
	s_Lineage	205	adLongVarBinary	255
下游_2000 断面	序号	3	adInteger	10
	ID	3	adInteger	10
	断面名字	202	adVarWChar	255
	梁氏编码	3	adInteger	10
	2001 - 距坝里程	5	adDouble	15
	前后都有的	17	adUnsignedTinyInt	3
	s_ColLineage	205	adLongVarBinary	255
	s_Generation	3	adInteger	10
	s_GUID	72	adGUID	255
	s_Lineage	205	adLongVarBinary	255
下游 2001_断面	序号	3	adInteger	10
	ID	3	adInteger	10
	断面名字	202	adVarWChar	255
	梁氏编码	3	adInteger	10
	2001 - 距坝里程	5	adDouble	15
	s_ColLineage	205	adLongVarBinary	255
	s_Generation	3	adInteger	10
	s_GUID	72	adGUID	255
	s_Lineage	205	adLongVarBinary	255
B 支流断面	断面 ID	3	adInteger	10
	支流名称	202	adVarWChar	255
	断面编号	5	adDouble	15
	断面名称	202	adVarWChar	255
	距离河口	5	adDouble	15
	高程	5	adDouble	15
小浪底库区	河流编号	3	adInteger	10
	支流名称	202	adVarWChar	255
	距坝(km)	4	adSingle	7

续表 9-1

表名字	字段名	DataTypeEnum	字段类型	Precision
实测断面	断面 ID	3	adInteger	10
	测验 ID	3	adInteger	10
	施测日期	7	adDate	255
	年内识别号	3	adInteger	10
起点距和高程	ID	3	adInteger	10
	起点距	4	adSingle	7
	高程	4	adSingle	7

9.2 黄河水文泥沙数据库的内容

黄河历史水文泥沙数据库的内容如表 9-2 所示。

表 9-2 历史水文泥沙数据库的内容

项目	内容
年份范围	1919 ~ 1997
表类型（按黄河流量《水文年鉴》分类）	流量日表,输沙率日表,含沙量日表,降水日表,水位日表,水位月年表,含沙量月年表,流量月年表,降水月年表,实测流量表,洪水要素表,降水摘录表,大断面实测成果表
测站（测站8位站码）	黄河沿(三)(40100100),吉迈(四)(40100150),玛曲(40100250),军功(40100300),唐乃亥(40100350),贵德(二)(40100500),循化(二)(40100550),小川(40100800),上诠(六)(40101000),兰州(40101200),安宁渡(40101600),下河沿(二)(40101750),青铜峡(三)(40102100),石嘴山(二)(40102500),三湖河口(三)(40103050),头道拐(40103400),河曲(二)(40103500),府谷(40103900),吴堡(二)(40104000),龙门(马王庙二)(40104200),河津(三)(41003900),华县(41101600),三门峡(七)(40104450),小浪底(二)(40104700),花园口(40105150),夹河滩(三)(40105453),高村(四)(40105650),孙口(40106350),艾山(二)(40107100),泺口(三)(40107450),利津(三)(40108400),民和(二)(40400800),享堂(三)(40411600),皇甫(三)(40600900),旧县(40601400),高石崖(三)(40601500),桥头(40601650),兴县(二)(40602300),王道恒塔(三)(40703000),新庙(40707000),温家川(二)(40705000),高家堡(二)(40602700),高家川(二)(40602800),申家湾(40603000),林家坪(40603400),后大成(40604100),丁家沟(40800900),青阳岔(40802600),白家川(40801200),横山(40801800),殿市(二)(40801900),李家河(40803000),子长(40605400),延川(二)(40605500),大宁(40605800),甘谷驿(40606300),延安(二)(40606100),临镇(40606900),新市河(40607000),大村(40607200),吉县(40607300),武山(41100300),咸阳(二)(41101100),秦安(41102900),社棠(41104000),天水(二)(41103800),泾川(三)(41200500),袁家庵(二)(41202000),毛家河(二)(41202700),洪德(41203700),庆阳(41203900),贾桥(41204400),雨落坪(41204000),皋落(41400900),石寺(41401750),栾川(41601000),东湾(三)(41602000),下河村(三)(41603800),龙门镇(二)(41603200),黑石关(三)(41600400),卢氏(二)(41605000),长水(二)(41606000),白马寺(41607600),韩城(二)(41608603),新安(二)(41609200),润城(三)(41701200),五龙口(二)(41701600),武陟(二)(41702400)

黄河实时水情如表 9-3 所示。

表 9-3　实时水情

项目	内容
年份范围	2001 ~ 2008
表类型(按报汛资料)	实测水位、流量、面积、含水量表 山东黄河水位表 流域水库表 流域雨量站表
水文站(4位报汛站码)	夏寨(车路沟)(6078),苏泗庄(1394),林家村(渭河)(6029),小浪底(黄河)(1282),灵口(伊洛河)(7221),黑石关(伊洛河)(7123),华县(渭河)(1152),李家河(小理河)(4189),孔家坡(沁河)(7301),狼心山(大西)(4160),吴旗(北洛河)(5502),玛曲(黄河)(1004),青铜峡(西总)(河西总干渠)(3432),栾川(伊河)(7101),华亭(石堡子河)(6540),丁家沟(无定河)(4147),延川(清涧河)(4203),魏家堡(渭河)(6037),南桥(1476),罗李村(灞河)(6259),武山(渭河)(6013),高石崖(孤山川)(4037),黑峪口(黑河)(6207),温家川(窟野河)(4077),泉眼山(清水河)(3319),裴沟(屈产河)(4117),横山(4161),贵德(黄河)(1010),万家寨坝下(黄河)(1128),吕庄(5327),泺口(黄河)(1484),林辛闸下(1552),享堂(大通河)(2448),刘家河(北洛河)(5505),狼心山(小西)(4161),大宁(昕水河)(4227),巴家嘴下(6559),泾川(6513),河津(汾河)(1142),青铜峡(东总)(河东总干渠)(3434),罗敷堡(罗敷河)(6269),河曲(黄河)(1129),天水(耤河)(6125),南荣华(北洛河)(1143),孙口(黄河)(1426),门堂(黄河)(1003),白楼(8066),张家山(泾河)(6535),圪洞(北川河)(4121),太平窑(红河)(3833),挡阳桥(红河)(3835),莺落峡(4138),狼心山(东)(4159),东居延海(4163),西宁(湟水)(2218),杏河(杏子河)(4238),千阳(千河)(6147),新安(涧河)(7275),耀县(漆水河)(6308),社棠(6117),申家湾(佳芦河)(4091),新庙(悖牛川)(4072),高村(黄河)(1374),山路坪(丹河)(7373),殿市(4167),艾山(黄河)(1478),景村(泾河)(6520),白家川(无定河)(4153),武陟(沁河)(7320),黄河沿(1000),邵庄(1434),若尔盖(2065),延安(延水)(4243),夹河滩(黄河)(1358),偏关(偏关河)(4001),北望(大汶河)(8026),唐克(白河)(2056),一号坝(1518),石嘴山(黄河)(1082),淳化(6288),雨落坪(马莲河)(6597),莱芜(大汶河)(8002),陆浑坝下(7109),秦渡镇(沣河)(6221),张村驿(葫芦河)(5546),子长(清涧河)(4201),巴彦高勒(黄河)(1088),三两(大黑河)(3757),李家村(洮河)(2602),北店子(1481),大车集(天然文岩渠)(1980),宜阳(洛河)(7209),柴庄(汾河)(5017),临镇(4253),唐乃亥(黄河)(1006),杨集(1402),临汶(大汶河)(8028),贾桥(东川)(6593),刘家峡下(黄河)(1017),刘家园(1486),石头庄(1368),乡宁(鄂河)(4270),卢氏(洛河)(7203),碌曲(洮河)(2582),濮阳(马颊河)(7004),赵石窑(无定河)(4143),沙圪堵(纳林川)(3542),韩刘(1480),北道(渭河)(6019),下港(石汶河)(8017),高家川(秃尾河)(4089),马渡王(灞河)(6251),三湖河口(黄河)(1120),飞岭(沁河)(7305),石寺(畛水)(7051),哨马营(4156),黄陵(沮河)(5562),义棠(汾河)(5013),洑头(北洛河)(1154),兴县(蔚汾河)(4063),静乐(汾河)(5003),贺洼(1428),白马寺(洛河)(7213),花园口(黄河)(1330),大庙(白沙河)(5351),下河村(蛮峪河)(7106),巴颜高勒(总)(黄河)(3500),利津(黄河)(1516),邢庙(1400),万年饱(南川河)(4129),赵李庄(漭河)(7379),咸阳(渭河)(6043),后大成(三川河)(4115),袁家庵(6515),青石嘴(大通河)(2435),林家坪(湫水河)(4109),下河沿(黄河)(1054),桥头(朱家川)(4039),天桥下(黄河)(1131),张留庄(涑水河)(5361),杨家坡(清凉寺沟)(4099),青铜峡(黄河)(1058),新市河(汾川河)(4254),东湾(伊河)(7105),芦家庄(潇河)(5085),高桥(6223),同仁(隆务河)(2174),油房(沁水河)(7338),巴颜高勒(南)(黄河)(3523),五龙口(沁河)(7313),祁连(4164),大禹渡(1168),小川(黄河)

续表 9-3

项目	内容
年份范围	2001～2008
表类型(按报汛资料)	实测水位、流量、面积、含水量表 山东黄河水位表 流域水库表 流域雨量站表
水文站(4位报汛站码)	(1018),绥德(大理河)(4149),潭头(伊河)(7103),军功(黄河)(1005),龙门镇(伊河)(7121),润城(沁河)(7311),甘谷驿(延水)(4235),甘谷(散渡河)(6069),王道恒塔(窟野河)(4071),巴颜高勒(沈)(黄河)(3522),潼关(黄河)(1164),华阴(1160),安宁渡(黄河)(1050),开边(茹河)(6699),红旗(洮河)(2607),民和(湟水)(2226),韩城(韩城河)(7255),长水(洛河)(7207),清河镇(1498),毛家河(蒲河)(6565),神木(窟野河)(4075),兰州(黄河)(1046),大峪(大峪河)(6235),头道拐(黄河)(1126),桥头(西阳河)(7039),国那里(1427),岷县(洮河)(2594),吉迈(黄河)(1002),大村(仕望川)(4259),万镇(1133),庆阳(马莲河)(6591),三门峡(黄河)(1278),十里铺(1430),武胜驿(庄浪河)(2716),龙门(黄河)(1140),吉县(4261),交口河(北洛河)(5511),旧县(县川河)(4018),西河口(1520),正义峡(4154),杨家坪(泾河)(6517),涝峪口(涝河)(6209),志丹(周水)(5504),循化(黄河)(1012),皋落(7035),秦安(葫芦河)(6085),皇甫(皇甫川)(4003),孔村(7000),洪德(马莲河)(6571),隆德(清流沟)(6096),扎马什克(4131),府谷(黄河)(1132),戴村坝(大清河)(8029),折桥(大夏河)(2517),高家堡(秃尾河)(4085),兰村(汾河)(5011),坫埼(1167),石门峪(7217),黄庄(1462),清水河(清水河)(3834),泗交(王家河)(7020),上诠(黄河)(1032),麻湾(1507),夏河(大夏河)(2502),青阳岔(大理河)(4151),吴堡(黄河)(1134),岢岚(东川河)(4055),龙羊峡下(黄河)(1009),昭君坟(1122),临潼(渭河)(1150),张肖堂(1497),彭楼(1399)
山东黄河水位站(报汛站码)	刘家园(41486),大崔(),于庄(41616),戴村坝上(),五甲杨(41501),王庄(41517),陈山口(41446),葛家店(),豆腐窝(41684),邢家渡(),杨集(41402),张辛(),泺口(41484),王旺庄(41506),苏泗庄(41394),李家岸(),霍寨(),位山(41477),北店子(41481),刘庄(),国那里(41427),道旭(41508),艾山(41478),黑虎庙(41526),盖家沟(),南桥(41476),黄庄(41462),西河口(),苏阁(),一号坝(41518),卧牛(41528),戴村坝(),桑庄(),崔常(41490),清河镇(41498),营房(41395),王家梨行(41487),伟庄(41403),孙口(41426),谯庄(41620),新店集(),马扎子(41491),高村(41374),滑口(41600),刘春家(41494),程那里(41412),阴河(41482),后张庄(),二道坡(41530),梯子坝(41489),韩刘(41480),丁字路(),王窑(41636),利津(41516),湖心岛(41529),范坡(),陶城铺(41458),周门前(41606),张肖堂(41497),战屯(),麻湾(41507),潘庄(41610)
流域水库(4位报汛站码)	东平湖新湖(东平湖)(1461),任庄(丹河)(7364),东平湖老湖(东平湖)(1460),南峰()(4042),窄口下()(7006),卧虎山(玉符河)(7807),店子洼(茹河)(6545),大河(大汶河)(8040),陶花店(马涧河)(7177),窄口上(宏农河)(7005),史家滩(黄河)(1174),大沟口(马营涧)(7250),石头河(石头河)(6178),刘瑶(白降河)(7157),青沟(焦家川)(7151),青天河(丹河)(7370),阳坡(湫水河)(4102),羊毛湾(漆水河)(6154),郭堡(象峪河)(5131),故县水库(洛河)(7204),龙脖(莲昌河)(7278),上郊(丹河)(7361),陆浑坝上(伊河)(7107),龙羊峡上(黄河)(1008),青铜峡上(黄河)(1056),雪野水库(瀛汶河)(8012),范店(甘水河)(7154),青铜峡下()(1057),刘家峡上(黄河)(1016),小浪底坝上(黄河)(1281),巴家嘴上(蒲河)(6557),汾河水库(汾河)(5007),天桥上(黄河)(1130),董封(阳城河)(7347),白墙(漭河)(7381),万家寨上(黄河)(1127),寺河(陈寨河)(7259)

续表 9-3

项目	内容
年份范围	2001～2008
表类型（按报汛资料）	实测水位、流量、面积、含水量表 山东黄河水位表 流域水库表 流域雨量站表
流域雨量站（站码）	绥德（山陕区间）(44149)，瑶曲（泾渭河）(46300)，李村（伊洛河）(47254)，缑氏（伊洛河）(47842)，红旗（兰州以上）(42607)，砖庙（山陕区间）(44155)，渭南（泾渭河）(46053)，葛牌镇（泾渭河）(46257)，青阳岔（山陕区间）(44151)，大封（小花干流）(47672)，罗李村（泾渭河）(46259)，李家村（兰州以上）(42602)，孔村（黄河下游）(37000)，王村（）(47309)，大沟口（伊洛河）(47250)，大羊集（大汶河）(48067)，鸣皋（伊洛河）(47152)，共和（兰州以上）(42141)，长直（三小区间）(47613)，京香（汾河）(45233)，古城（伊洛河）(47227)，龙羊峡上（）(41008)，久治（兰州以上）(42052)，泺口（黄河下游）(41484)，巴家嘴上（泾渭河）(46557)，铁边城（北洛河）(45500)，李村（伊洛河）(47056)，渑池（伊洛河）(47271)，化子坪（山陕区间）(44242)，高家川（山陕区间）(44089)，艾山（黄河下游）(41478)，若尔盖（兰州以上）(42065)，千阳（泾渭河）(46147)，洛阳（伊洛河）(47211)，芦家庄（汾河）(45085)，旧县（伊洛河）(47806)，太平窑（山陕区间）(43833)，泉眼山（兰托区间）(43319)，民和（兰州以上）(42226)，同仁（兰州以上）(42174)，裴沟（山陕区间）(44117)，黑峪口（泾渭河）(46207)，武家庄（山陕区间）(44050)，开边（泾渭河）(46699)，东下村（沁河）(47993)，小关（小花干流）(47670)，李家河（山陕区间）(44189)，赵堡（小花干流）(47674)，申家湾（山陕区间）(44091)，雨落坪（泾渭河）(46597)，庙子（伊洛河）(47131)，温家川（山陕区间）(44077)，庄儿上（）(47291)，白杨镇（伊洛河）(47153)，麟游（泾渭河）(46151)，良马（沁河）(47329)，折桥（兰州以上）(42517)，化工（小花干流）(47658)，嘴头（泾渭河）(46173)，贵德（兰州以上）(41010)，达日（兰州以上）(42033)，宁县（泾渭河）(46595)，大路峁（山陕区间）(44010)，木桐沟（伊洛河）(47231)，刘家峡上（）(41016)，华县（龙三干流）(41152)，平泉（泾渭河）(46516)，府谷（山陕区间）(41132)，唐乃亥（兰州以上）(41006)，固关（泾渭河）(46130)，清涧（山陕区间）(44202)，古城（山陕区间）(44005)，雪野水库（大汶河）(48012)，汾河水库（汾河）(45007)，涝峪口（泾渭河）(46209)，化乐（山陕区间）(44217)，昭君坟（）(41122)，河南村（伊洛河）(47200)，美源（泾渭河）(46281)，孟津（小花干流）(47055)，郭堡（汾河）(45131)，王寨（）(47332)，洛源（伊洛河）(47222)，上观（伊洛河）(47780)，锹峪（泾渭河）(46003)，黄龙（北洛河）(45559)，卫村（）(47375)，吴堡（山陕区间）(41134)，下河村（伊洛河）(47106)，旬邑（泾渭河）(46525)，下港（大汶河）(48017)，三要（伊洛河）(47198)，渭源（）(46005)，潘河（伊洛河）(47732)，安宁渡（兰托区间）(41050)，北望（大汶河）(48026)，哈镇（山陕区间）(44007)，两亭（泾渭河）(46519)，巴彦高勒（兰托区间）(41088)，紫陵（沁河）(47317)，三门峡（龙三干流）(41278)，黄土（山陕区间）(44216)，白狮（伊洛河）(47139)，唐克（兰州以上）(42056)，马坞镇（泾渭河）(46340)，端氏（沁河）(47341)，大庙（龙三干流）(45351)，北段村（三小区间）(47034)，皋落（三小区间）(47031)，银川（兰托区间）(43218)，皇甫（山陕区间）(44003)，曹家坡（山陕区间）(44070)，贾桥（泾渭河）(46593)，柳屯（黄河下游）(37054)，石湾（山陕区间）(44185)，贾家坪（山陕区间）(44210)，桑坪（伊洛河）(47226)，丹水（）(47366)，朱家庄（三小区间）(47026)，小店（汾河）(45080)，官坡（伊洛河）(47233)，七泉（伊洛河）(47111)，李垣（伊洛河）(47229)，鸡蛋坪（三小区间）(47045)，白家川（山陕区间）(44153)，河底（伊洛河）(47253)，芹池（沁河）(47344)，华亭（泾渭河）(46540)，靖边（山陕区间）(44159)，兰州（兰州以上）(41046)，巡检（伊洛河）(47225)，巴家嘴下（）(46559)，卧虎山（大汶河）(37807)，白土（伊洛河）(47137)，

续表 9-3

项目	内容
年份范围	2001～2008
表类型（按报汛资料）	实测水位、流量、面积、含水量表 山东黄河水位表 流域水库表 流域雨量站表
流域雨量站（站码）	寻村（伊洛河）（47790），青铜峡（兰托区间）（41058），赵李庄（小花干流）（47379），横山（山陕区间）（44161），东湾（伊洛河）（47105），金明寺（山陕区间）（44082），桃川（泾渭河）（46175），高桥（泾渭河）（46223），新安（伊洛河）（47275），上官村（黄河下游）（37003），景村（泾渭河）（46520），泗交（龙三干流）（47020），长水（伊洛河）（47207），大峪（泾渭河）（46235），大车集（黄河下游）（41980），赤沙镇（泾渭河）（46025），乡宁（山陕区间）（44270），花园口（黄河下游）（41330），江左（伊洛河）（47156），潭头（伊洛河）（47103），孙口（黄河下游）（41426），交口河（北洛河）（45511），呼和浩特（兰托区间）（43734），挡阳桥（山陕区间）（43835），涧峪岔（山陕区间）（44168），张坞（伊洛河）（47258），九龙角（伊洛河）（47172），茅沟（伊洛河）（47110），河西（伊洛河）（47140），张坪（伊洛河）（47215），八角堡（山陕区间）（44013），白狐窑（）（47299），定边（北洛河）（45521），军功（兰州以上）（41005），冯村（龙三干流）（45328），小浪底（三小区间）（41282），吴旗（北洛河）（45502），单台子（山陕区间）（43848），卢氏（伊洛河）（47203），石角塔（山陕区间）（44074），义棠（汾河）（45013），龙驹街（伊洛河）（47734），景风（）（47295），岷县（兰州以上）（42594），洑头（龙三干流）（41154），马营镇（泾渭河）（46345），莱芜（大汶河）（48002），延安（山陕区间）（44243），上诠（兰州以上）（41032），三两（兰托区间）（43757），德胜西（山陕区间）（43545），高山（小花干流）（47668），丁家沟（山陕区间）（44147），陶村（伊洛河）（47267），兰村（汾河）（45011），梁山上（泾渭河）（46014），高村（黄河下游）（41374），故县（伊洛河）（47205），观音堂（伊洛河）（47276），文峪（伊洛河）（47742），陶湾（伊洛河）（47135），合峪（伊洛河）（47141），碌曲（兰州以上）（42582），沙圪堵（山陕区间）（43542），隆德（泾渭河）（46096），赵堡（伊洛河）（47261），林家村（泾渭河）（46029），栾川（伊洛河）（47101），偏关（山陕区间）（44001），柏峪寺（伊洛河）（47224），岢岚（山陕区间）（44055），邙岭（小花干流）（47660），曹村（三小区间）（47048），曹务（泾渭河）（46012），北道（泾渭河）（46019），张村驿（北洛河）（45546），蛐蜊峪（山陕区间）（44101），三盛公上（）（41084），泽库（兰州以上）（42067），合阳（龙三干流）（45580），韩洪（）（47324），神木（山陕区间）（44075），王道垣塔（山陕区间）（44071），濮阳（黄河下游）（37004），石门峪（伊洛河）（47217），宫前（伊洛河）（47279），武胜驿（兰州以上）（42716），孟家湾（山陕区间）（44173），山路坪（沁河）（47373），宜川（山陕区间）（44257），黄河沿（兰州以上）（41000），小川（兰州以上）（41018），牛村（沁河）（47348），洛南（伊洛河）（47223），毛家河（泾渭河）（46565），旧县（山陕区间）（44018），武山（泾渭河）（46013），杏河（山陕区间）（44238），头道拐（兰托区间）（41126），高家堡（山陕区间）（44085），陇县（泾渭河）（46131），青沟（伊洛河）（47151），魏家堡（泾渭河）（46037），花园（三小区间）（47037），延长（山陕区间）（44237），大村（山陕区间）（44259），罗村（）（44140），柳树口（沁河）（47376），东宋（伊洛河）（47776），任庄（沁河）（47364），太白镇（北洛河）（45543），秦渡镇（泾渭河）（46221），上戈（伊洛河）（47247），木钵（泾渭河）（46740），艾好峁（山陕区间）（44154），红土镇（北洛河）（46304），张家山（泾渭河）（46535），油房（沁河）（47338），新庙（山陕区间）（44072），龙羊峡下（）（41009），上郊（沁河）（47361），绛县（龙三干流）（45335），曲子（泾渭河）（46579），附城（沁河）（47365），寺湾（山陕区间）（44204），北冶（三小区间）（47050），志丹（北洛河）（45504），大清沟（伊洛河）（47133），黄陵（北洛河）（45562），冶墙（小花干流）（47656），法中（）（47327），咸阳（泾渭河）（46043），唐城（）（47303），下河沿（兰托区间）（41054），耀县（泾渭河）（46308），黄庄（小花干流）（47662），林家坪（山陕区间）（44109），夏寨（泾渭河）（46078），新市河（山陕区间）（44254），石嘴驿（山陕区间）（44197），寺河（伊洛河）（47259），

续表 9-3

项目	内容
年份范围	2001～2008
表类型（按报汛资料）	实测水位、流量、面积、含水量表 山东黄河水位表 流域水库表 流域雨量站表
流域雨量站（站码）	柳树底（沁河）（47367），兴县（山陕区间）（44063），山泽（沁河）（47340），吉县（山陕区间）（44261），殿市（山陕区间）（44167），赤石桥（沁河）（47293），玛曲（兰州以上）（41004），桥头（三小区间）（47039），泾川（泾渭河）（46513），循化（兰州以上）（41012），王茅（三小区间）（47025），潼关（龙三干流）（41164），陇西（46009），小石介（伊洛河）（47252），麻坪街（伊洛河）（47704），石家庄（山陕区间）（44214），上蔡店（伊洛河）（47155），招安（山陕区间）（44241），龙脖（伊洛河）（47278），范里（伊洛河）（47206），白马寺（伊洛河）（47213），韩城（伊洛河）（47255），戴村坝（大汶河）（48029），下川（三小区间）（47618），飞岭（沁河）（47305），哭泉（北洛河）（45566），临晋（龙三干流）（45347），马岭（泾渭河）（46754），淳化（泾渭河）（46288），桥头（山陕区间）（44039），子长（山陕区间）（44201），天水（泾渭河）（46125），北塬（北洛河）（45567），临汶（大汶河）（48028），磁涧（伊洛河）（47277），洪德（泾渭河）（46571），甘谷（泾渭河）（46069），夹河滩（黄河下游）（41358），西山底（伊洛河）（47244），店子洼（泾渭河）（46545），皋落（三小区间）（47035），青天河（沁河）（47370），大宁（山陕区间）（44227），青石嘴（兰州以上）（42435），门堂（兰州以上）（41003），张留庄（龙三干流）（45361），延川（山陕区间）（44203），徐镇（黄河下游）（37056），公草湾（山陕区间）（44083），石井（三小区间）（47041），润城（沁河）（47311），前瓦（山陕区间）（44132），武陟（沁河）（47320），白墙（小花干流）（47381），正宁（泾渭河）（46599），孔家坡（沁河）（47301），五蛟（泾渭河）（46780），刘家峡下（）（41017），南峰（）（44042），野猪岭（三小区间）（47032），新绛（汾河）（45315），石嘴山（兰托区间）（41082），土沃（）（47346），玛多（兰州以上）（42024），大石河（伊洛河）（47241），阳坡（山陕区间）（44102），辛店（伊洛河）（47210），濮城（黄河下游）（37450），灵口（伊洛河）（47221），清凉寺（山陕区间）（44098），罗敷堡（龙三干流）（46269），五龙口（沁河）（47313），沁阳（沁河）（47315），窄口下（）（47006），百家（泾渭河）（46420），白沙（伊洛河）（47163），后大成（山陕区间）（44115），通远坊（泾渭河）（46310），赵石窑（山陕区间）（44143），犁牛河（龙三干流）（47061），耿湾（泾渭河）（46569），孟县（小花干流）（47387），利津（）（41516），富平（泾渭河）（46279），吕庄（龙三干流）（45327），彭婆（伊洛河）（47166），窄口上（龙三干流）（47005），清水河（山陕区间）（43834），宜阳（伊洛河）（47209），东沟（沁河）（47312），盐镇（伊洛河）（47265），楼德（大汶河）（48052），柳泉（伊洛河）（47784），吕店（伊洛河）（47162），合水（泾渭河）（46618），道口（黄河下游）（36438），柴庄（汾河）（45017），殷家城（泾渭河）（46674），左峪（伊洛河）（47143），上庙汗（三小区间）（47024），坡头（三小区间）（47028），铁炉（泾渭河）（46261），黑石关（伊洛河）（47123），野鸡岔（北洛河）（45530），横河（三小区间）（47036），临潼（泾渭河）（41150），屯字（泾渭河）（46704），程家塔（）（44107），石寺（三小区间）（47051），官道口（龙三干流）（47245），汶河（）（47368），马渡王（泾渭河）（46251），苦水掌（泾渭河）（46585），禹山（伊洛河）（47113），范家镇（大汶河）（48025），高石崖（山陕区间）（44037），河曲（山陕区间）（41129），陶花店（伊洛河）（47177），秦安（泾渭河）（46085），乾县（泾渭河）（46161），范县（黄河下游）（37455），圪洞（山陕区间）（44121），龙门镇（伊洛河）（47121），石陵（伊洛河）（47208），万年饱（山陕区间）（44129），董封（沁河）（47347），白楼（大汶河）（48066），庆阳（泾渭河）（46591），范店（伊洛河）（47154），三岔堡（山陕区间）（44015），鸦岭（伊洛河）（47165），远门镇（泾渭河）（46022），静乐（汾河）（45003），大河（大汶河）（48040），上梁（）（47345），龙门（龙三干流）（41140），三湖河口（兰托区间）（41120），沙河街（伊洛河）（47236），西宁（兰州以上）（42218），铁门镇（伊洛河）（47794），甘谷驿（山陕区间）（44235），陆浑坝上（伊洛河）（47107），临镇（山陕区间）（44253），刘家河（北洛河）（45505），王屋（三小区间）（47057），杨家坡（山陕区间）（44099），郭道（沁河）（47297），河津（龙三干流）（41142），吉迈（兰州以上）（41002），社棠（泾渭河）（46117），杨家坪（泾渭河）（46517）

第 10 章　源代码

10.1　Borland Quttro Pro 宏

Borland Quttro Pro/DOS 宏可以完成很复杂的数据计算。这里给出的是一个计算河道横断面面积、河宽、平均水深和最低点高程的宏。使用时，将要计算的高程数据放在大断面高程正下方间隔至少一个单元格的位置，然后运行宏，图 10-1 为运行这个宏的界面。

图 10-1　运行这个宏的界面

```
{;求大断面面积且绘图的宏}
{;考虑了中间有高于水面的情况}
{;考虑了两端低于水面的情况}
{;你的数据应为起点距和高程两竖列}
{;水位应放在最后一个高程数据的正}
{;下方隔至少一个空行处}
{;光标放在水位数据上执行宏}
{;- - - - - - - - - - - - - - - - - - - - - -}
{END}
{UP}
{END}
{UP}
{LEFT}
```

```
-{END}
{LEFT}
{END}
{LEFT}
{END}
{LEFT})*
{LEFT}
/2,0)~
{RIGHT}
{;***F}
+@IF(
{END}
{LEFT}
```

```
{/ Column;Insert}
{RIGHT} ~
{/ Column;Insert}
{END}
{RIGHT 2} ~
{/ Column;Insert}
{RIGHT 3} ~
{/ Math;Fill}
{BACKSPACE}
. {END}
{RIGHT}
{END}
{DOWN}
{LEFT 10} ~
1 ~1 ~8000 ~
{RIGHT}
{/ Math;Fill}
{BACKSPACE}
. {LEFT}
{END}
{DOWN}
{RIGHT} ~ ~
~ ~
{/ Sort;Block}.
{END}
{DOWN} ~
{/ Sort;Key1}.
{END}
{DOWN} ~ ~
{/ Sort;Go}
{RIGHT}
+@ if(
{ESC 2}
{END}
{RIGHT}
{END}
{DOWN}
{RIGHT}
{END}
{LEFT}
{END}
{LEFT} >
{END}
{LEFT}
{END}
{LEFT}
{END}
{LEFT 3}
#AND#
{END}
{LEFT}
{END}
{LEFT 2}
{END}
{LEFT}
{UP} <
{END}
{LEFT}
{END}
{LEFT}
{END}
{LEFT 3}
,( {END}
{LEFT}
{END}
{LEFT}
{END}
{LEFT 2}
- {END}
{LEFT}
{END}
{LEFT}
{END}
{LEFT 2}
{UP} ) * (
{END}
```

```
52  {END}
53  {DOWN}
54  {/ Block;Copy} ~
55  {END}
56  {UP}
57  {END}
58  {UP}
59  {LEFT 2}
60  .{RIGHT}
61  {END}
62  {DOWN}
63  {LEFT} ~
64  {UP 3}
65  {ESC 15}
66  {UP 6}
67  {END}
68  {DOWN}
69  {END}
70  {DOWN}
71  {END}
72  {UP}
73  {END}
74  {UP}
75  {END 2}
76  {LEFT 2}
77  {END}
78  {LEFT}
79  {RIGHT}
80  +@if(
81  {END}
82  {RIGHT} >
83  {END}
84  {RIGHT 3}
85  ,1,0) ~
86  {/ Block;Values} ~
87  {RIGHT} ~
88  {/ Block;Copy} ~
89  .{LEFT}
```

```
371  {LEFT}
372  {END}
373  {LEFT}
374  {END}
375  {LEFT 3}
376  -{END}
377  {LEFT}
378  {END}
379  {LEFT}
380  {END}
381  {LEFT}
382  {UP})/(
383  {END}
384  {LEFT}
385  {END}
386  {LEFT}
387  {END}
388  {LEFT} -
389  {END}
390  {LEFT}
391  {END}
392  {LEFT}
393  {END}
394  {LEFT}
395  {UP}),0) ~
396  {RIGHT}
397  {;***G}
398  +@IF(
399  {END}
400  {LEFT}
401  {END}
402  {LEFT}
403  {END}
404  {LEFT} >
405  {END}
406  {LEFT}
407  {END}
408  {LEFT}
```

```
{END}
{DOWN}
{RIGHT} ~
{RIGHT}
{DOWN} +
{LEFT} +
{UP} ~
{/ Block;Copy} ~
. {LEFT}
{END}
{DOWN}
{RIGHT} ~
{END}
{DOWN}
{RIGHT}
+@if(
{END}
{RIGHT} >
{END}
{RIGHT 3}
,1,0) ~
{/ Block;Copy} ~
. {LEFT}
{END}
{UP}
{RIGHT} ~
{/ Block;Values} ~
{RIGHT} ~
{RIGHT}
{UP} +
{LEFT}
{DOWN} +
{DOWN} ~
{/ Block;Copy} ~
. {LEFT}
{END}
{UP}
{RIGHT} ~
{END}
{LEFT 3}
#AND#
{END}
{LEFT}
{END}
{LEFT}
{END}
{LEFT}
{UP} <
{END}
{LEFT}
{END}
{LEFT}
{END}
{LEFT 3}
,({END}
{LEFT}
{END}
{LEFT}
{END}
{LEFT 3}
-{END}
{LEFT}
{END}
{LEFT}
{END}
{LEFT}
{UP}) *
{LEFT}
/2,0) ~
{; * * *H:min,sum etc.}
{END}
{LEFT 3}
+{RIGHT 2}
*{LEFT 5}
*{LEFT 4}
+{RIGHT 4}
```

```
{END}
{UP}
{RIGHT}
+@if(
{LEFT 3}
={LEFT 6}
,0,1)~
{RIGHT}
+@if(
{LEFT 2}
={LEFT 6}
,0,1)~
{LEFT}
{/Block;Copy}
{RIGHT}~
.{LEFT}
{END}
{DOWN}
{RIGHT}~
{/Block;Values}.
{END}
{DOWN}
{RIGHT}~~
{LEFT 6}
{/Column;Delete}
{RIGHT 5}~
{RIGHT 2}
{/Column;Delete}~
{RIGHT 3}
{/Column;Insert}
{RIGHT 7}~
{DOWN}
{RIGHT 2}
{;***b}
@if(
{LEFT 3}
{UP}<=
{LEFT 5}
*{LEFT 4}
+{RIGHT 6}
*{LEFT 5}
{UP}~
{RIGHT}+
{RIGHT 2}
*{LEFT 6}
*{LEFT 5}
+{RIGHT 4}
*{LEFT 5}
+{RIGHT 6}
*{LEFT 6}
{UP}~
{LEFT}
{/Block;Copy}
{RIGHT 7}~
{DOWN}.
{LEFT}
{END}
{DOWN}
{RIGHT}~
{LEFT 3}
{UP}
{/Column;Insert}
{RIGHT}~
+{LEFT 2}
*{LEFT}~
{RIGHT}
+@if(
{LEFT}
=0,8848,
{RIGHT 3}
)~{LEFT}
{/Block;Copy}
{RIGHT}~
{DOWN}.
{LEFT}
{END}
```

```
#and#
{LEFT 3}
<{LEFT 5}
#or#
{LEFT 3}
{UP}<
{LEFT 5}
#and#
{LEFT 3}
<={LEFT 5}
,{LEFT 4}
-{LEFT 4}
{UP},0)
{RIGHT}
{;***C}
+@IF(
{END}
{LEFT}
{END}
{LEFT}<=
{END}
{LEFT}
{END}
{LEFT 3}
#AND#
{END}
{LEFT}
{END}
{LEFT}
{UP}<=
{END}
{LEFT}
{END}
{LEFT 3}
,({END}
{LEFT}
{END}
{LEFT}
```

```
{DOWN}
{RIGHT}~
{RIGHT}
{END}
{DOWN 2}
+@min(
{UP}.
{UP}
{END}
{UP})~
{UP}
{RIGHT 4}
{DOWN}
+@sum(
{UP}.
{END}
{UP})~
{/Block;Copy}~
{RIGHT}~
{LEFT}
{DOWN 2}
{RIGHT}
Z
{DOWN}
A
{DOWN}
B
{DOWN}
R
{DOWN}
Zmin
{END}
{UP}
{END}
{UP}
{LEFT}
{END}
{DOWN}
```

```
{END 2}
{LEFT 2}
*2 - {END}
{LEFT}
{END}
{LEFT} -
{END}
{LEFT}
{END}
{LEFT}
{UP}) *
{LEFT}
/2,0) ~
{RIGHT}
{; * * * D}
+@IF(
{END}
{LEFT}
{END}
{LEFT}
{END}
{LEFT} <
{END}
{LEFT}
{END}
{LEFT}
{END}
{LEFT 3}
#AND#
{END}
{LEFT}
{END}
{LEFT}
{END}
{LEFT}
{UP} >
{END}
{LEFT}
```

```
{/ Block;Copy} ~
{END}
{UP}
{RIGHT}
{DOWN 3}
{RIGHT} ~
{END}
{UP}
{LEFT 3}
{DOWN}
{/ Block;Values} ~
{UP}
{RIGHT 4}
{DOWN 7}
{RIGHT} ~
{UP}
{RIGHT 4}
{DOWN}
{RIGHT}
{/ Block;Values} ~
{DOWN 3} ~
{LEFT}
{/ Block;Values} ~
{DOWN 4}
{RIGHT} ~
{DOWN 5}
{RIGHT} +
{UP 2}/
{UP} ~
{/ Block;Values} ~
~{LEFT}
{END}
{UP}
{END}
{UP}
{LEFT}
{END}
{DOWN}
```

```
{END}
{LEFT}
{END}
{LEFT 3}
,({END}
{LEFT}
{END}
{LEFT}
{END}
{LEFT 2}
-{END}
{LEFT}
{END}
{LEFT}
{END}
{LEFT 2}
{UP})*(
{END}
{LEFT}
{END}
{LEFT}
{END}
{LEFT 3}
-{END}
{LEFT}
{END}
{LEFT}
{END}
{LEFT})
/({END}
{LEFT}
{END}
{LEFT}
{END}
{LEFT}
{UP}-
{END}
{LEFT}
{;I:delete}
{END}
{UP}
{RIGHT}
{DOWN 2}
[Best]:b
{RIGHT}
a
{UP 2}
{LEFT 2}
{END}
{UP}
{DOWN}
{RIGHT}
{/Block;Values}.
{LEFT}
{END}
{DOWN}
{RIGHT 2}~
~{RIGHT 2}
{/Column;Delete}
{RIGHT 5}~
{LEFT 9}
{/Column;Delete}
{RIGHT 4}~
{RIGHT}
{END}
{DOWN}
{END}
{DOWN 5}
{END}
{UP}
{;***J:Graph}
{END}
{UP}
{LEFT}
{/Column;Insert}~
{RIGHT 2}
```

```
{END}
{LEFT}
{END}
{LEFT}
),0) ~
{RIGHT}
{; * * * E}
+@IF(
{END}
{LEFT}
{END}
{LEFT}
{END}
{LEFT} <
{END}
{LEFT}
{END}
{LEFT}
{END}
{LEFT 3}
#AND#
{END}
{LEFT}
{END}
{LEFT}
{END}
{LEFT}
{UP} >
{END}
{LEFT}
{END}
{LEFT}
{END}
{LEFT 3}
,({END}
{LEFT}
{END}
{LEFT}
{END}
{DOWN}
{/ Block;Copy} ~
{END}
{UP}
{END}
{UP}
{LEFT 2}
.{RIGHT}
{END}
{DOWN}
{LEFT} ~
{/ XAxis;Labels}
{BACKSPACE}
{END}
{UP}
{LEFT}
{END}
{UP}.
{END}
{DOWN} ~
{/ 1Series;Block}
{BACKSPACE}
{END}
{UP}.
{END}
{UP} ~
{/ 2Series;Block}
{BACKSPACE}
{END}
{UP}
{LEFT 2}
.{ESC}
{END}
{UP}.
{END}
{DOWN} ~
{/ Graph;View}
```

318 {END}

319 {LEFT 3}

637 {down 9}

638 {up 9}

10.2 河流水沙科学分析系统

计算平滩流量的部分源程序及说明

1. 关于“同流量水位修正法”计算平滩流量子程序的说明

用“同流量水位修正法”计算平滩流量子程序 CalQb(Qb,年号,滩唇高程)。程序在 Excel 下用 VBA(Visual Basic for Application)语言编写而成。每访问一次计算一个平滩流量,其中输入参数为“年号”和“滩唇高程”,输出参数“Qb”为计算返回的平滩流量。需要事先整理每年首场洪水涨水期的水位—流量关系,并以“_1998”这样的命名风格对包含系列名字在内的水位流量关系数据的单元格区域命名。关于“同流量水位修正法”的内容请参阅本章内容。程序在计算过程中会遇到计算失败的情况,其容错处理功能会返回一个描述错误发生原因的描述性文字,以帮助用户排除错误。

2. 程序源代码

```
Option Explicit
Option Base 1
'在某一年的水位流量关系曲线涨水期上根据水位查算平滩流量.返回一行的三个数据:
'第一个数:平滩流量
'第二个数:计算代码。0 表示根据本年的 QZ 关系内插得到;
'第三个数:计算说明。
'返回值:如果计算正确,返回的第一个数据是平滩流量;如果计算错误,返回的第一个数据是诸如“错误:...”字样的信息
Sub CalQb(Qb,年号, 滩唇高程)
'根据滩唇高程和水位流量关系计算平滩流量,可能会遇到漫滩和非漫滩两种情况。
'对于漫滩洪水,查算起来很简单;
'对于非漫滩洪水,则通过借用邻近年份的水位流量关系延长本年的水位流量关系计算得到。
    Qb = -9999
    If Not NameExist("_" & 年号) Then
        Qb = "错误:年号" & 年号 & "不存在"
        Exit Sub
    End If
    Dim rngQZ

    Set rngQZ = Application. Evaluate(ActiveWorkbook. Names("_" & 年号). RefersTo) '根据某一年的年号,找到水位流量关系数据
```

```
    If 滩唇高程 < rngQZ.Columns(2).Cells(1) Then
        Qb = "错误:滩唇高程" & 滩唇高程 & " 低于水位流量关系的第一个水位 " & rngQZ.Columns(2).Cells(1)
        Exit Sub
    End If

    Dim c '水位列的一个单元格变数
    Dim n As Long '计数器
    n = 0
    '情形 1:计算漫滩年份的滩唇高程...
    For Each c In rngQZ.Columns(2).Cells
        n = n + 1
        If n > 1 Then
            If c.Offset(-1, 0) <= 滩唇高程 And c.Value >= 滩唇高程 Then
                retArr(1, 1) = c.Offset(-1, 0).Offset(0, -1) + (滩唇高程 - c.Offset(-1, 0).Value) / (c.Value - c.Offset(-1, 0).Value) * (c.Offset(0, -1) - c.Offset(-1, 0).Offset(0, -1))
                retArr(1, 2) = 0
                retArr(1, 3) = "在本年内插得到"
                Qb = retArr
                Exit Sub
            End If
        End If
    Next

    '情形 2:滩唇高程高于高水位...
    ' 分两种情况解决情形 2 的问题:
    ' 情形 2-1:滩唇高程比当年的最高水位高得不多;
    ' 情形 2-2:滩唇高程比当年的最高水位高得多

    '情形 2-1p 滩唇高程比当年的最高水位高得不多...
    Dim dZIntolerable As Double '滩唇高程比最高水位高这么多能够容忍
    dZIntolerable = 0.2
    Dim lngPoints As Long
    lngPoints = 3 '用高水部分的 lngPoints 组数据进行趋势分析,计算斜率
    With rngQZ.Columns(2)
        If 滩唇高程 - .Cells(.Cells.Count) <= dZIntolerable Then
            call QbZQZQZ(retArr(1, 1),滩唇高程, rngQZ,,lngPoints) '调用子函数,完
```

```
成外延水位流量关系计算平滩流量
            retArr(1, 2) = 1
            retArr(1, 3) = "在容忍外延范围(滩唇高程比最高水位高" & dZIntolerable & ")内用本年的 QZ 关系的" & lngPoints & "个点据趋势外延得到"
            Qb = retArr
            Exit Sub
        End If 'If 滩唇高程 - .Cells(.Cells.Count) <= dZIntolerable Then
    End With 'With rngQZ.Columns(2)

    '情形 2-2:滩唇高程比当年的最高水位高得多...
    Dim rngQZBorrowed    '被借用的具有高水水位流量关系的年份的水位流量关系
    '分 2 步进行:1)往前搜索,借用以前的水位流量关系;2)往后搜索,借用以后的水位流量关系
    '1)往前搜索,借用以前的水位流量关系...
    Dim iYear As Long
    Dim Year1 As Long    '根据以前的水位流量关系借用的年份
    Year1 = 0
    Dim Qb1 'As Double '根据以前的水位流量关系借用的年份计算的平滩流量。Qb1, Qb2 接收 QbZQZQZ 的返回结果,有可能因为无法计算而得到字符串
    For iYear = 年号 - 1 To 1949 Step -1
        If NameExist("_" & iYear) Then
            Set rngQZBorrowed = Application.Evaluate(ActiveWorkbook.Names("_" & iYear).RefersTo)
            QbZQZQZ(Qb1, 滩唇高程, rngQZ, rngQZBorrowed)
            If IsNumeric(Qb1) Then '得到返回是数值的平滩流量数据
                Year1 = iYear
                Exit For
            End If
            Debug.Print 1, iYear, Qb1
        End If
    Next
    '2)往前搜索,借用以前的水位流量关系...
    Dim Year2 As Long '根据以前的水位流量关系借用的年份
    Year2 = 0
    Dim Qb2 'As Double '根据以前的水位流量关系借用的年份计算的平滩流量。Qb1, Qb2 接收的有可能因为无法计算而得到字符串
    For iYear = 年号 + 1 To Year(Now())
        If NameExist("_" & iYear) Then
```

```
            Call CalQbZQZQZ(Qb2,滩唇高程, rngQZ, Application.Evaluate(ActiveWorkbook.Names("_" & iYear).RefersTo))
            If IsNumeric(Qb2) Then '得到返回是数值的平滩流量数据
                Year2 = iYear
                Exit For
            End If
            Debug.Print 2, iYear, Qb1
        End If
    Next
    '汇总情形 2 的两步的计算结果...
    If Year1 >0 And Year2 >0 Then
        retArr(1, 1) = (Qb1 + Qb2) * 0.5
        retArr(1, 2) =2
        retArr(1, 3) = "借用" & Year1 & "年的" & Qb1 &"和" & Year2 & "年的" & Qb2
        Qb = retArr
        Exit Sub
    ElseIf Year1 >0 Then
        retArr(1, 1) = Qb1
        retArr(1, 2) =3
        retArr(1, 3) = "借用" & Year1 & "年"
        Qb = retArr
        Exit Sub
    ElseIf Year2 >0 Then
        retArr(1, 1) = Qb2
        retArr(1, 2) =4
        retArr(1, 3) = "借用" & Year2 & "年"
        Qb = retArr
        Exit Sub
    Else
        Qb = "错误:年份向前和向后延伸后都无法得到平滩流量"
    End If

    If Qb = -9999 Then
        Qb = "无法差算到平滩流量"
    End If
End Sub

'推算未漫滩年份的平滩流量
```

```
'根据滩唇高程、当年的水位流量关系、漫滩年份的水位流量关系推算平滩流量
'漫滩年份的水位流量关系缺省时,完全用当年的水位流量关系:
' 如果当年最高水位高于滩唇高程,则用滩唇高程在水位流量关系曲线上直接查得平滩流量
' 如果滩唇高程高于当年的最高水位,则根据当年水位流量关系最后高水部分的几个点据的变化趋势外延,得到滩唇高程
'points 为外延高水部分的水位流量关系要使用的点据个数,缺省为 3
Sub CalQbZQZQZ(QbZQZQZ,滩唇高程, 当年 QZ, Optional 漫滩年份 QZ 可缺省, Optional points)
    On Error GoTo ErrQbZQZQZ
    Dim i As Long    '下标变数
    Dim Zb As Double    '滩唇高程
    Dim Qb As Double    '当年平滩流量
    Dim rngQZThisYear    '当年的水位流量关系:两列数据依次是流量、水位
    Dim rngQZOverflow    '漫滩年份的水位流量关系:两列数据依次是流量、水位
    '容错处理...
    Zb = 滩唇高程
    Set rngQZThisYear = 当年 QZ
    '在当年的 QZ 上寻找最高水位及其流量...
    Dim c
    Dim rngCellZmaxThisYear    '当年水位流量关系的最高水位。用 Range 变量而不是 Double 变量记忆最高水位,可以在需要流量的时候很容易的得到
    For Each c In rngQZThisYear. Columns(2). Cells '遍历当年水位流量关系的水位列,查找最高水位
        If TypeName(rngCellZmaxThisYear) = "Nothing" Then '这个 if 块其实是初始化 rngCellZmaxThisYear
            Set rngCellZmaxThisYear = c
        End If
        If c. Value  > rngCellZmaxThisYear. Value Then
            Set rngCellZmaxThisYear = c
        End If
    Next
    Dim rngCellQZmaxThisYear    '当年最高水位对应的流量
    Set rngCellQZmaxThisYear = rngCellZmaxThisYear. Offset(0, -1) '流量在水位的左侧

    '当缺省漫滩年份的水位流量关系,认为用户想用当年的水位流量关系查算平滩流量...
    '于是,设法在当年的水位流量关系曲线上查算平滩流量,分如下两种情况...
```

```
If IsMissing(漫滩年份 QZ 可缺省) Then '当缺省漫滩年份的水位流量关系时
    '1、当年发生的洪水水位超过滩唇高程...
    If rngCellZmaxThisYear.Value >= Zb Then
        'For Each c In rngQZThisYear.Columns(2).Cells '遍历当年水位流量关系的水位列,查找最高水位
        With rngQZThisYear.Columns(2).Cells
        For i = 1 To .Cells.Count - 1
            If .Cells(i) < = Zb And. Cells(i + 1) >= Zb Then
                Qb = .Cells(i).Offset(0, -1) + (Zb - .Cells(i)) / (.Cells(i + 1) - .Cells(i)) * (.Cells(i + 1).Offset(0, -1) - .Cells(i).Offset(0, -1))
                'Debug.Print .Cells(i).Offset(0, -1), .Cells(i + 1), .Cells(i), .Cells(i + 1).Offset(0, -1), .Cells(i).Offset(0, -1)
                Exit Sub
            End If
        Next
        End With
    End If
    '2、当年的洪水位未超过滩唇高程,但用户想通过外延当年水位流量关系得到滩唇高程...
    Dim lngPoints As Long
    If IsMissing(points) Then
        lngPoints = 3
    Else
        lngPoints = points
    End If
    If lngPoints < 3 Then
        Qb = "错误:points 至少是 3!"
        Exit Sub
    End If
    With rngQZThisYear.Columns(2).Cells
        If .Count <3 Then
            Qb = "当年的水位流量关系点据少于 3,不计算"
            Exit Sub
        End If
        Dim rngQ : Dim rngZ  '用来计算斜率的水位流量关系的流量和水位单元格区域
        Set rngZ = Range(.Cells(.Count), .Cells(.Count - lngPoints + 1))
        Set rngQ = rngZ.Offset(0, -1)
```

```
            Debug. Print rngZ. Address, rngQ. Address
            Dim dQdZ As Double    '斜率:单位水位变化引起的流量变化
            dQdZ = Application. WorksheetSub. Slope(rngQ, rngZ)
            Qb = rngCellQZmaxThisYear + (Zb - rngCellZmaxThisYear) * dQdZ
            Exit Sub
        End With
    End If

    Set rngQZOverflow = 漫滩年份 QZ 可缺省
    If rngQZOverflow. Columns. Count < 1 Then
        Qb = "输入错误:漫滩年份的水位流量关系数据应该是 2 列数据!"
        Exit Sub
    End If
    If rngQZThisYear. Columns. Count < 1 Then
        Qb = "输入错误:当年的水位流量关系数据应该是 2 列数据!"
        Exit Sub
    End If

    '下面计算流量 rngCellQZmaxThisYear 在漫滩年份 QZ 可缺省曲线上的水位...
    'Dim i As Long
    Dim dblZQZmaxThisYear As Double    '漫滩 QZ 上,对应当年 Zmax 的水位
    dblZQZmaxThisYear = -8888 '为便于检查是否能够找到,使用给一个意外的初始化
数据
    With rngQZOverflow
    For i = 1 To rngQZOverflow. Rows. Count - 1    '通过遍历漫滩洪水的水位流量关系上
的数据...
        If . Cells(i, 1) <= rngCellQZmaxThisYear. Value And . Cells(i + 1, 1) >=
rngCellQZmaxThisYear. Value Then
                dblZQZmaxThisYear = . Cells(i, 2) + (rngCellQZmaxThisYear - . Cells
(i, 1)) / (. Cells(i + 1, 1) - . Cells(i, 1)) * (. Cells(i + 1, 2) - . Cells(i, 2))
                Exit For
            Exit For
        End If
    Next
    End With
    If dblZQZmaxThisYear = -8888 Then
        Qb = "错误:无法由当年的最高水位的对应流量,在漫滩年份的水位流量关系上
找到对应的水位"
```

```
        Exit Sub
    End If
    'Qb = dblZQZmaxThisYear
    Dim dblDZ As Double '水位差:当年最高水位比对应漫滩年份的水位“偏高”的水位
    dblDZ = rngCellZmaxThisYear. Value - dblZQZmaxThisYear
    Dim dblZb2 As Double '将滩唇高程,减去 dblDZ,得到的水位。
    '...用这个水位在漫滩年份的 QZ 上查到的流量,即为当年的平滩流量
    dblZb2 = Zb - dblDZ
    With rngQZOverflow
    If dblZb2 < . Cells(1, 2) Then
        Qb = "无法计算:要查平滩流量的水位比漫滩年份水位流量关系的第一个水位
低:" & Zb & " - " & dblDZ & " = " & dblZb2 & " < " & . Cells(. Rows. Count, 2)
        Exit Sub
    End If
    If dblZb2 >. Cells(. Rows. Count, 2) Then
        Qb = "无法计算:要查平滩流量的水位比漫滩年份水位流量关系的最后一个水
位高:" & Zb & " - " & dblDZ & " = " & dblZb2 & " > " & . Cells(. Rows. Count, 2)
        Exit Sub
    End If
    Qb = "无法查算得到平滩流量" '如果在下面的循环中没有得到平滩流量,这句话就
会起作用
    For i = 1 To rngQZOverflow. Rows. Count - 1
        If . Cells(i, 2) <= dblZb2 And dblZb2 <= . Cells(i + 1, 2) Then
            Qb = . Cells(i, 1) + (dblZb2 - . Cells(i, 2)) / (. Cells(i + 1, 2) - .
Cells(i, 2)) * (. Cells(i + 1, 1) - . Cells(i, 1))
            Exit For
        End If
    Next
    End With
    Exit Sub
ErrQbZQZQZ:
    Qb = "意外的错误发生:" & Err. Description
End Sub
```

附录A 标称流量的物理意义

黄河下游河南河道断面宽浅、山东河道断面窄深，断面形态明显不同；洪水期断面形态也随来水来沙条件的变化迅速地作出调整，清水冲刷使河槽进一步展宽、高含沙水流使河槽变得相对窄深，可见河槽形态在时空上都是发生变化的。在描述河槽形态的窄深和宽浅程度时，常用河相系数、宽深比，或者湿周与平均水深的比值等指标，但这几种指标一般只适合某一类河流，难以反映黄河这样的河流的横断面形态；另外，在实际计算时，有很大的任意性。针对上述问题，尹学良曾提出标称输沙率的概念，但我们认为，用标称流速的概念更明确、更简单，也更符合黄河这样的多泥沙冲积河流的特点。

一、以往采用的指标及其所存在的问题

描述横断面形态，最早采用的是宽深比，即水面宽 B 与平均水深 H 的比值，显然，用宽深比作为河槽形态的指标没有物理意义。后来，里奥普在研究水力几何形态时，根据很多实测资料，从水流连续的原理出发，把水面宽 B、平均水深 H 和断面平均流速 v 分别与流量建立关系。为了消除流量这个变量，就用$\frac{\sqrt{B}}{H}$来代替宽深比[9]。这看似合理，其实未必，用$\frac{\sqrt{B}}{H}$描述断面的窄深程度至少有两个缺陷：①因为水面宽和过流量之间没有必然的因果关系，将水面宽和过流量建立关系本身缺乏物理意义；②$\frac{\sqrt{B}}{H}$是根据苏联的平原河流的资料分析得到的，即使从物理意义方面考虑，它也无法适用于其他河流，大多数天然河流的横断面形态是相对窄深的，河相系数存在的问题表现得不太明显，但对于黄河这样的横断面十分宽浅的河流，问题就变得非常突出。附图A-1是黄河花园口站水面宽和流量的关系图，可以看到当流量大于1 000 m^3/s，同一流量的水面宽变幅很大：无论流量大小，水面宽的下限约为600 m，上限达到3 000 m以上，不仅花园口站是这样，夹河滩站也是这样。因为水面宽和流量间没有明显的物理意义，即使在它们之间建立回归关系，由于关系十分散乱，建立的关系也失去实用价值，据此进一步分析推导的结果，也没有实用意义。

不仅$\frac{B}{H}$和$\frac{\sqrt{B}}{H}$缺乏物理意义，在数学上也不合理。假设横断面用 $y = ax^{1/b}$ 来表达（y 代表水深，x 代表起点距），则河宽为 B 时的面积 A 为 $A = \int_0^{aB^{1/b}} (\frac{y}{b})^b \mathrm{d}y$，即 $A = \frac{a}{b+1}B^{1+\frac{1}{b}}(\frac{a}{b})^b$，相应的平均水深为 $H = \frac{a}{b+1}B^{1/b}$，河相系数可按下式计算

$$\frac{\sqrt{B}}{H} = \frac{b+1}{a}B^{1/2-1/b} \tag{A-1}$$

因为只有在 $b=2$ 时才能保证$\frac{\sqrt{B}}{H}$为常数，因此河相系数$\frac{\sqrt{B}}{H}$仅适合描述 $y = ax^{1/2}$ 的横断面，

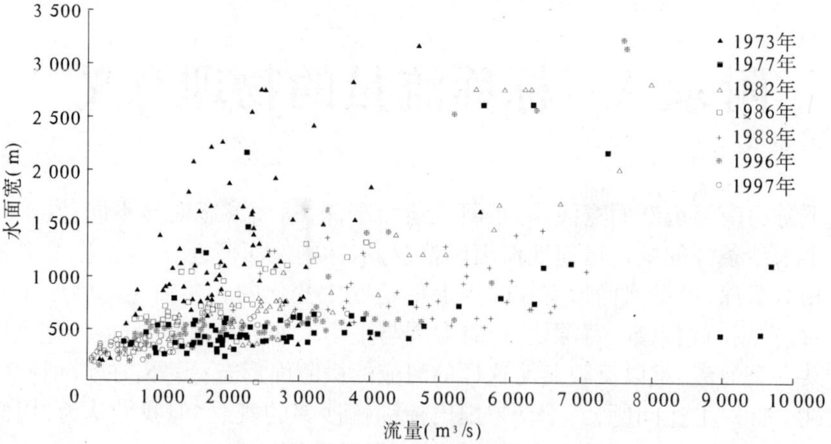

图 A-1　黄河花园口站水面宽和流量的关系

而 $y = ax^{1/2}$ 代表的是具有一个十分尖瘦的深槽的横断面(见图 A-2(a)),天然河流的绝大多数断面不是这样的[10]。

如果用宽深比来反映横断面的窄深程度,有

$$\frac{B}{H} = \frac{b+1}{a}B^{1-1/b} \tag{A-2}$$

当 $b=1$ 时,$1-1/b=0$,这是一个用 $y=ax$ 所反映的横断面,它是一个 V 字形断面(见附图 A-2(b)),这是山区河流横断面的特征,但黄河中下游河道的横断面很少具有这种特点。

如果用湿周和平均水深的比值来反映断面的窄深程度似乎会好些,其实不然。由于天然河流和渠道、管道不同,本质上都是宽浅的,这样计算的湿周和河宽在数值上十分接近,因此用湿周和平均水深的比值来反映断面形态也不可取,如果用湿周和水力半径的比值和用湿周和平均水深的比值在数值上也非常接近,上述问题同样存在。

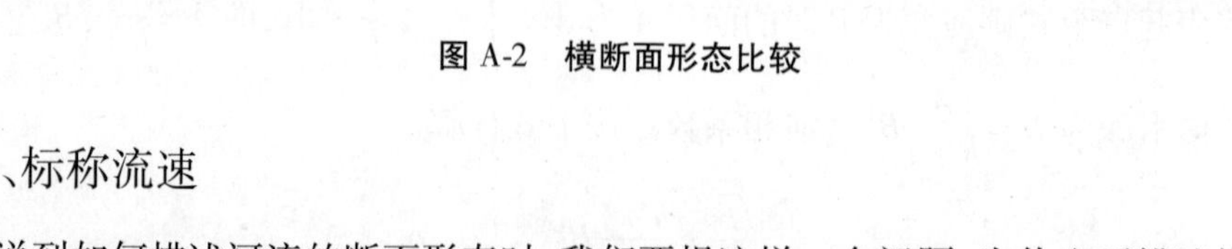

图 A-2　横断面形态比较

二、标称流速

在说到如何描述河流的断面形态时,我们要提这样一个问题:为什么要描述横断面形态?描述横断面形态无非是为了衡量断面的调整对输水输沙能力的影响。

曼宁公式是明渠紊流过流能力的半经验半理论公式,当水深和水面宽在数值上是一个数量级,或者如果水面宽比水深大得多但水深在横断面上的分布大体上是均匀的,这时候可以将整个过流断面作为一个整体考虑,用下式计算断面的过流能力:

$$Q = \sqrt{J}/nH^{5/3}B \tag{A-3}$$

然而,天然河流都是大尺度的、十分宽浅的,水深在横断面上的分布是很不均匀的(对于黄河下游游荡性河段尤其如此),和上述两种情形不同,断面的流量应该考虑水深分布不均匀的影响,尹学良早在 1995 年以前就注意到这个问题,提出了标称流量[10](用 Q_H 表示)的概念,认为应该用标称流量反映水深对过流能力的影响,按下式计算

$$Q_H = \sum_{i=1}^{m-1} H_i^{5/3}B \tag{A-4}$$

式中:m 为横断面节点的个数;H_i 为相邻节点的平均水深,m;Q_H 为标称流量,$m^{8/3}$。实测的横断面数据由许多节点组成,节点之间的距离与水深不是一个数量级的情形并不少见。严格的讲,为充分反映水深的影响,标称流量应按下式计算

$$Q_H = \int_0^B H^{5/3}\mathrm{d}B$$

即

$$Q_H = \sum_{i=1}^{m-1}\begin{cases}\dfrac{L_{i+1}-L_i}{h_{i+1}-h_i}(h_{i+1}^{8/3}-h_i^{8/3}) & (h_i \neq h_{i+1})\\ h_i^{5/3}(L_{i+1}-L_i) & (h_i = h_{i+1})\end{cases} \tag{A-5}$$

式中:L 为起点距;h 为水深;m 为节点的数目;i 为节点的序号。实际计算显示,用式(A-4)计算的结果总是比用式(A-5)计算的结果偏小,说明按式(A-5)计算是必要的。

黄河下游游荡型河道的水文站,有不少糙率比玻璃水槽的还小,这就是由于资料整编方法不当所致,应该按 $Q = \dfrac{\sqrt{J}}{n}Q_H$ 而不是 $Q = \dfrac{\sqrt{J}}{n}BH_{cp}^{5/3}$($H_{cp}$为平均水深)来反算糙率。例如,花园口站 1977 年 8 月 5 日 4:50~7:00 流量 6 470 m^3/s 的测次,《水文年鉴》提供的糙率为 0.007,这在物理上是很难理解的。该测次的水面宽为 1 110 m,过水面积为 2 290 m^2,平均水深 2.06 m,则 $BH_{cp}^{5/3}$ 为 3 711.2 $m^{8/3}$,但按式(A-5)计算的标称流量为 4 975.4 $m^{8/3}$,即 Q_H 比 $BH_{cp}^{5/3}$ 大 34%,则用 $Q = \dfrac{\sqrt{J}}{n}Q_H$ 反算的糙率是 0.007 的 1.34 倍,为 0.009 4,接近正常情况的糙率[11]。可见,在资料整编时,考虑水深在横断面上的不均匀性是十分必要的。

断面的平均流速可按下式计算

$$v = \frac{\sqrt{J}}{n}\frac{Q_H}{A} \tag{A-6}$$

式中:A 为过水面积;$\dfrac{Q_H}{A}$是断面形态对断面流速作用的大小,我们称其为标称流速[12],记为 v_H(单位:$m^{2/3}$),即

$$v_H = \frac{Q_H}{A} \tag{A-7}$$

计算标称流速和计算河相系数以及宽深比所用的资料一样,但标称流速具有明确的

物理意义——它基于曼宁公式，反映的是除比降和糙率外的断面形态对流速贡献的大小。显然，等面积的标称流速越大，说明断面形态相对越窄深。

附表 A-1 列出的是根据 1973 年汛后黄河花园口断面和艾山断面的主槽计算的各种横断面形态指标，包括河相系数、宽深比、湿周与平均水深的比，以及标称流速，都是根据主槽的等面积为 2 000 m^2 计算的（等面积的河相系数、宽深比、标称流量等是这样计算的：先计算断面的高程—面积曲线，在高程—面积曲线上查得某一面积的水位，再计算该水位的河相系数、宽深比和标称流量），为的是建立在同一比较基础之上。

比较标称流速的差别可以看到，二者的比值不过 2∶1 左右，然而河相系数反映的比值却是 6∶1，宽深比、湿周与平均水深的比值大于 10∶1。可见，虽然花园口断面比艾山断面的主槽宽浅，但因断面形态不同引起的过流能力的差别并没有达到像河相系数和宽深比等指标所描述的那么大，也就是说河相系数和宽深比等指标明显地夸大了断面形态的差别。在实际工作中，很少有人计算同面积的河相系数、宽深比，由于游荡型河道的断面十分宽浅，不同高程的水深差别不大，但断面宽度差别很大，如果不考虑用等面积，计算的不同断面的河相系数和宽深比的差别更大。

表 A-1　不同方法等面积（2 000 m^2）的主槽的河槽横断面形态指标比较

项目	宽度（m）	湿周（m）	平均水深（m）	河相系数	宽深比	湿周/平均水深	标称流量（$m^{8/3}$）	标称流速（$m^{2/3}$）
花园口	1 551	1 551	1.29	31	1 202	1 202	3 149	1.57
艾山	475	477	4.21	5	113	113	5 842	2.92
比值	3	3	0.31	6	11	11		1.86*

注：带 * 者表示标称流速比值为艾山站比花园口站，因为河槽越宽浅，标称流速越小，与河相系数等相反。

从实用角度看，编写计算标称流速的计算机程序和计算横断面面积的程序差别很小，计算并不烦琐，但标称流速很实用。三门峡水库下泄清水期间，黄河下游游荡型河道发生很大变化，用宽深比或河相系数反映断面形态的变化，很容易得出“主槽展宽很大”的结论，若用等面积标称流速来反映，就会发现，河槽虽然是展宽的，但幅度有限，三门峡水库清水对黄河下游河道的影响，应该概括为“在摆动中下切”才符合实际；黄河下游河道存在着“多来多排”（山东河道）和“多来多排多淤”（河南河道）的输沙特点，洪水期河南河道的主槽也是“多来多排”的，而小水期河槽总是淤积的，说明主槽的流速存在着某一临界值，大于这个流速后，河槽就会成为一个“输沙通道”，呈现出“多来多排”的特点[4]，而与流速和来沙大小、组成关系不密切。例如，根据黄河下游河道的实测资料，如果流速大于 1.8 m/s，那么细于 0.006 mm 的泥沙可“多来多排”[13]；如果流速达到 2.4 m/s 左右，则全沙都会“多来多排”，这说明用标称流速而不用标称输沙率（$\sum bh^{8/3}$）来描述横断面形态，更符合对输沙规律的认识，更有实用性。

三、结语

（1）河相系数、宽深比，以及湿周和平均水深的比值缺乏物理意义，一般只适合描述特定河流的横断面，对于黄河中下游河道，上述指标就夸大了窄深和宽浅断面的差别，使用过程中有很大的任意性，因此不应该用河相系数建立某些关系。

(2)计算标称流速和计算河相系数使用的实测资料是一样的(都是起点距和高程数据)，但计算方法完全不同，标称流速具有明确的物理意义，适合描述天然河流的断面形态，可以据此进行进一步的理论分析和建立定量关系。

(3)由于缺乏其他江河的资料，本文提出的指标还应在不同气候带、不同地貌区的河道断面中进行实际应用分析。

附录B 考虑形态的实体模型的断面内插计算方法

实体模型在制模时，地形资料是有限的，两个断面间距过大，或者两个断面形态较悬殊，已有的断面资料常不能满足需求，需要在相邻断面间增密内插断面。以前在作内插时，无法直接计算出断面形态，需要人为地调整断面形态，即使在顺直河段也是这样，具有很大的任意性，影响了模型的制作，而且工作量大，模型在验证阶段即出现诸如率定水面线不符合实际的情况，断面内插不好便是重要影响因素之一。本文提出的计算方法能够参照上下控制断面计算出合理的断面形态，而且具有从上游断面平滑过渡到下游断面的特点，对于顺直河段可直接采用计算结果，避免了人为调整带来的错误和不便；对于弯道河段，这种计算结果在径向上是一种极限，如果需要可在计算结果的基础上作进一步调整。

模型断面分河槽断面和滩断面，对于河槽断面，按上述方法计算；对于滩断面，仍可这样计算，然后参照上下控制断面定滩断面的位置。

一、几个假设

模型的断面内插是针对像主槽这样的单一断面，本文的方法就可直接适用于这样的断面。这种断面在形态上具有如下特点：①设最低点高程的起点距为 L_{zmin}，当 $L < L_{zmin}$ 时，$Z_i > Z_{i+1}$；②设最低点高程的起点距为 L_{zmin}，当 $L > L_{zmin}$ 时，$Z_i < Z_{i+1}$。我们称这样的断面为单一断面。

要进行断面内插，自然首先想到根据面积进行内插，要内插的断面的面积符合台体的体积计算公式。

设上下实测断面的间距是 L，某一高程时上断面的面积是 A_u、下断面相应高程的面积是 A_d，今要在距上断面 L_i 处内插一断面，其面积设为 A_i，该断面把两控制断面分为体积为 V_1 和 V_2 两部分，根据台体体积计算公式

$$V_1 = \frac{1}{3}(A_u + \sqrt{A_u \cdot A_i} + A_i)L_i$$

$$V_2 = \frac{1}{3}(A_i + \sqrt{A_i \cdot A_d} + A_d)(L - L_i)$$

两控制断面间的总体积

$$V = \frac{1}{3}(A_u + \sqrt{A_u \cdot A_d} + A_d)L_i$$

而

$$V = V_1 + V_2$$

代入整理,且令

$$a = L$$

$$b = \sqrt{A_u}L_i + \sqrt{A_d}(L - L_i)$$

$$c = A_uL_i + A_d(L - L_i) - (A_u + \sqrt{A_uA_d} + A_d)L$$

可得内插断面的面积

$$A_i = \left[\frac{-b + \sqrt{b^2 - 4ac}}{2a}\right]^2$$

然后再计算河宽和起点距、高程数据。然而,根据这种想法计算会得出附图 B-1 所示的锯齿状。

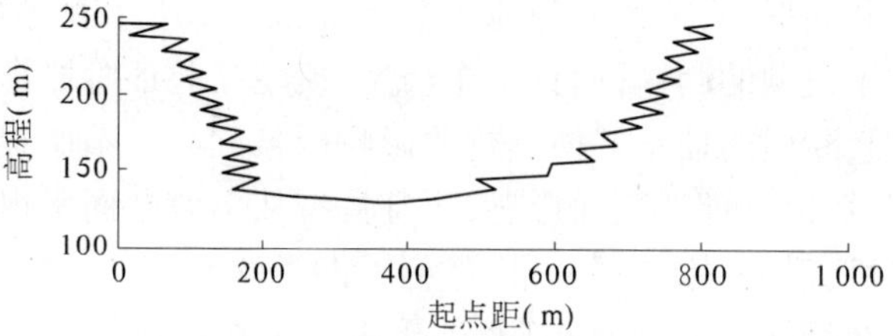

附图 B-1　面积内插可能得出的结果

如果不用台体公式而用面积线性内插,即认为从上游控制断面变化到下游控制断面,相应高程(不是相同高程)的面积呈线性变化。设上游断面某高程下的面积是 A_u,相应高程下游断面的面积为 A_d,设两断面间距为 L,根据线性内插原理,在距上游断面 L_i 处要内插的断面相应高程下的面积为

$$A_i = A_u + \frac{L_i}{L}(A_d - A_u)$$

可是仍会导致类似图 B-1 的结果,计算出的断面形态带有锯齿状。事实上,只要是根据面积内插,不论是用某一高程下的面积,还是用某两高程间的面积,抑或是用台体体积的计算公式,都会得出类似结果。这是由于计算中间断面将某两高程间的部分概化成梯形引起的,对于给定两高程,上下控制断面间部分显然不一定是梯形,在内插中间断面时,由于是按照梯形计算河宽,必然出现将河宽计算得偏大(或偏小),而且这种误差一旦出现就会一直传递下去,接下来在计算该断面的下一步时,又会出现河宽偏小(或偏大),最终出现图 B-1 所示的锯齿状。按面积内插的其他方法都有这个问题,因此可以说使用面积内插具有一定的局限性。

那么有没有别的更好的方法加以改善?答案是肯定的,即用河宽线性内插,因此我们有如下假定：

假定1　断面的最深点沿纵向是线性变化的。

假定2　相应高程的河宽是线性变化的。

但依据以上两条假定计算出的断面是对称的，要计算出断面形态，仅有以上两条假定是不够的，我们引入河宽偏移量的概念。对于一单一断面，某一高程相应河宽的中心点与该断面最深点中心的水平距离（可正可负）称河宽偏移量。河宽偏移量反映了断面的不对称性，于是有：

假定3　相应高程的河宽偏移量在纵向上呈线性变化。

有了这三条假定，即可计算出内插断面的大小和形态。

二、计算方法

（一）高程的内插

设上游控制断面的最深点高程为 Z_{mu}，下游断面的最深点高程为 Z_{md}，在距上游断面 L_i 处的要内插的断面的最深点高程为

$$Z_{mi}=Z_{mu}+\frac{L_i}{L}(Z_{md}-Z_{mu})$$

当上游（或下游）断面的高程由 Z_{mu}（或 Z_{md}）上升 ΔZ，其中内插断面的高程由 Z_{mi} 上升至 $Z_{mi}+\Delta Z$。

（二）河宽内插

令 $Z_{mu}+\Delta Z=Z_u$，$Z_{md}+\Delta Z=Z_d$，$Z_{mi}+\Delta Z=Z_i$，对于上游断面 Z_u 处的河宽可算出，记为 B_u，下游断面的河宽为 B_d，则其间内插断面的河宽 B_i 由二者内插为 $B_i=B_u+\frac{L_i}{L}(B_d-B_u)$。

（三）河宽偏移量的内插

对于已知断面，当高程确定后，即可计算该高程的河宽偏移量。设上游断面 Z_u 处的偏移量为 O_u，下游断面 Z_d 处的河宽偏移量为 O_d，则内插断面的偏移量为

$$O_i=O_u+\frac{L_i}{L}(O_d-O_u)$$

三、内插计算

将内插断面最深点的起点距记为0，高程 Z_i 时的河宽为 B_i，河宽偏移量为 O_i，则相应两点的起点距分别为 $-\frac{1}{2}B_i+O_i$（负值）和$\frac{1}{2}B_i+O_i$（正值）。这两点的坐标为（$-\frac{1}{2}B_i+O_i,Z_i$）和（$\frac{1}{2}B_i+O_i,Z_i$），这样计算出的起点距是相对最深点而言的。设最大宽度处的起点距的绝对值的较大者为 $B_{\max}$，为了将负的起点距变为正的，只要依次为每个起点距加上 $B_{\max}$ 即可。于是相应 Z_i 处的两点坐标为（$B_{\max}-\frac{1}{2}B_i+O_i,Z_i$）和（$B_{\max}+\frac{1}{2}B_i+O_i,Z_i$）

四、计算结果

如附图 B-2 是根据小浪底的两个干流断面内插的计算结果。干流的 10[#]断面和 11[#]

断面相距 3 km,内插的两个断面分别距实测上游断面 1 km 和 2 km,为了对照内插的效果,我们将最深点高程转化一致。从附图 B-2 中可看到内插的断面越向上,形态和尺寸上越靠近上游控制断面;若内插的断面越向下,形态和尺寸上越远离上游控制断面。特殊地,当距上游断面为 0 时,内插的断面的点刚好落在上游控制断面上。

附图 B-2(b)和附图 B-2(c)分别描述了 5 个断面(包括 2 个控制断面和内插的 3 个断面)的高程—河宽关系和高程—面积关系,其中内插的断面 2 和断面 3 的关系线介于控制断面之间,内插的断面 1 和上游控制断面看起来是重合的。实际上,当选用的步长足够小时会完全重合,而且内插的断面面积更准确,就像正多边形随着边长数的增加其形状和面积无限接近外接圆一样,表明计算方法是正确的。

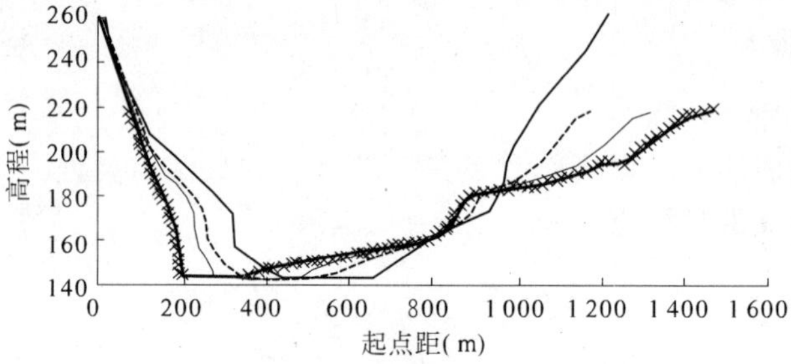

(a)断面套绘

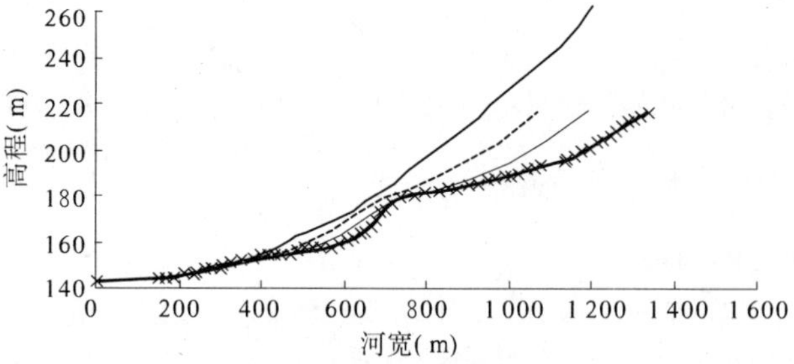

(b)高程与河宽关系

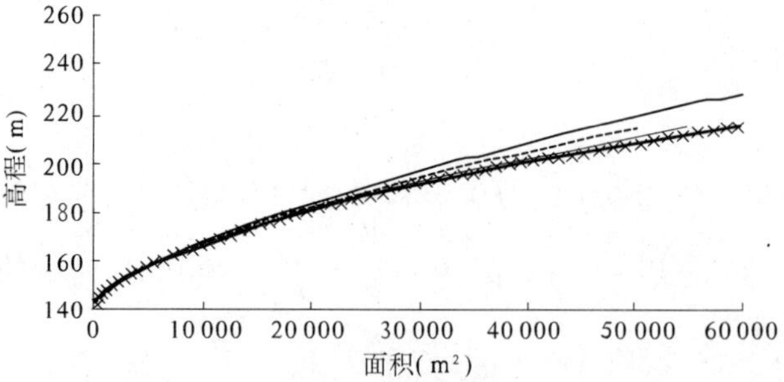

(c)高程与面积关系

上游断面 下游断面 × 内插断面1
内插断面2 内插断面3

图 B-2 小浪底水库两个干流断面内插的计算结果

为了说明河宽线性内插与面积内插的某种共性,图 B-3 给出了两者的对比。可以看到河宽线性内插对面积内插法的改善是正确的,宽度内插法能够满足要求。

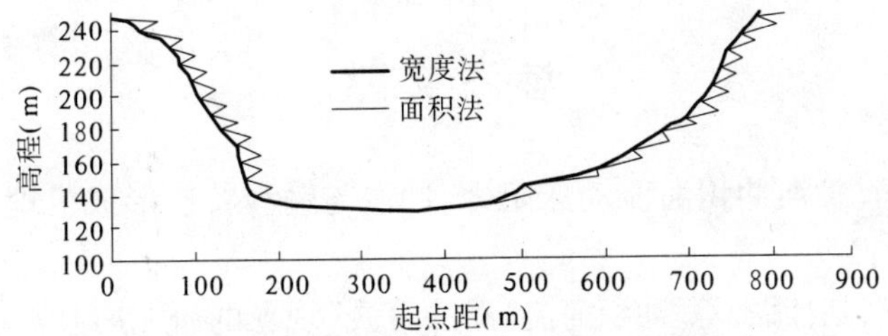

图 B-3　宽度法和面积法的两种结果

实体模型需要内插断面的河段可能是顺直河段、没有整治工程的弯道段和有整治工程的弯道段。利用本文的计算方法所得的计算结果可直接用于没有工程的顺直段,由于形态上可能更接近实际,当验证的水面线与实际不符时,我们可以将注意力放在诸如糙率等其他因素上,滩地可用同样的方法处理,最后将滩断面和槽断面衔接起来,实现整个断面的内插。如果槽断面不是单一断面,直接使用本办法会得出概化的结果,但不具备平滑过渡性。

对于没有整治工程的弯道段,这种计算结果是弯道段断面在径向上的一种极限:要继续调整断面,只要在形态上往一个方向调整即可;在主流线靠近整治工程的河段,情况复杂,要根据具体情况确定。

参考文献

[1] 齐璞,孙赞盈. 黄河冲积河流动床阻力、冲淤与输沙特性形成机理探讨[J]. 泥沙研究,1994(2):1-9.

[2] 孙赞盈,齐璞,刘社强,等. 冲积河流"涨冲落淤"现象的研究[J]. 泥沙研究,2008(3):52-57.

[3] 姚文艺,李勇. 2002 黄河河情咨询报告[M]. 郑州:黄河水利出版社,2004:242-246.

[4] 吴保生. 水流挟沙力研究综述[R]. 郑州:黄河水利科学研究院,1992.

[5] 熊贵枢,等. 黄河下游输沙量及冲淤量测验误差分析[C]//第二次国际泥沙学术讨论会论文集.

[6] 张启卫. 黄河下游泥沙数学模型[R]. 黄河水利科学研究院,1992.

[7] 齐璞,刘月兰,等. 减缓黄河下游河道淤积措施研究[M]. 郑州:黄河水利出版社,1997.

[8] 刘月兰. 黄河下游河道冲淤计算方法. 1983 年.

[9] L B 里奥普,T 麦杜克. 河槽的水力几何形态及其在地文学上的意义[M]. 1 版. 钱宁,译. 北京:水利出版社,1957.

[10] 尹学良. 黄河下游的河性[M]. 北京:中国水利出版社,1995.

[11] 齐璞,孙赞盈. 黄河"河道糙率比玻璃水槽还小"之我见[J]. 人民黄河,2005(6):19-20.

[12] 孙赞盈. 黄河下游河宽缩窄对洪水位影响的研究[D]. 西安:西安理工大学,2003.

[13] 齐璞,孙赞盈. 小浪底水库泥沙多年调节与下游河道进一步治理研究[R]. 郑州:黄河水利科学研究院,2001.